少年黑客

第一辑 2

-下-

红骨的绝密阴谋

王海兵 / 著

U0281128

加入少年黑……
守护人类未来

电子工业出版社·
Publishing House of Electronics Industry
北京 · BEIJING

第12章
安全升级

......网络隔离能万无一失吗............

上一章讲到戴维拿起遥控器，看到屏幕上机器人的摄像头拍到的画面后大吃一惊。原来，是巡逻机器人发现在差分机的机房门前有两个戴着面具的人正在试图开门。戴维赶紧操纵机器人朝着那两个人冲过去，一边冲一边通过喇叭喊："你们已经被发现了，立即投降！"

那两个人一转头，看到冲过来的机器人后连忙逃跑，很快就跑到了走廊尽头。戴维从摄像头拍摄到的画面中看到，走廊的一扇窗户是开着的，但是比较高。他们俩一个蹲下来，另一个站到他背上，爬了上去。

戴维通过喇叭喊道："站住，不然我要开枪了！"

这时，爬到上面的人开始拉下面的人。

戴维按下了发射按钮，发射了激光，打到下面那个人的屁股上。只见那人痛苦地揉着屁股，还是爬上了窗台。然后两人一起从窗口跳了出去。

这时，保安赶过来了。戴维立刻通过喇叭说道："保安叔叔，刚才有两个坏人想闯进去。"

保安检查了一下门，发现门锁已经被破坏了。还好，在他们正要进去的时候就被巡逻机器人发现并制止了。

小 G 说道："戴维，咱们把刚才录下的视频倒回去仔细看看。"

戴维打开了摄像头记录，倒回去仔细看。小 G 十分肯定地说道："从体型和头部特征来看，就是光头和长发那两个家伙。"

"对，我也觉得像。"

这时，神威说话了："是红骨手下那两个坏蛋干的吗？"

小 G 说道："没错，就是他们！他们把差分机原型的机房门锁都破坏了，差点闯进去。"

神威说道："嗯，看来咱们的猜测没错。红骨并没有被消灭，他还在命令手下做坏事。我们要小心一些，上次我们挫败了红骨的行动，他可能在酝酿新的阴谋了。"

小 G 和戴维连声称是。

第二天一早，小 G 和戴维赶到计算机研究所找顾工程师，向他汇报情况。申副所长也来了。

小 G 说："顾叔叔、申叔叔，昨天晚上我们的巡逻机器人发现了两个坏蛋想破坏差分机，可惜没抓住他们。"

顾鸣说："嗯，我听保安说了。巡逻机器人真是立了一大功，否则真要麻烦了。"

小 G 又说："门锁已经被破坏了，我建议为这间机房安装虹膜和指纹锁，只允许特定的项目组成员进入，加强保护。"

顾鸣说："是的，你们之前在报告中提出过这个建议，我采购了新锁但还没有送到。今天一早我催了商家，过一会儿就会到货，到货后我们马上安装。"

申副所长说："会是谁对这个人工智能超级计算机的项目这么感兴趣呢？他们的目的是什么？"

小 G 认为，目前还不能告诉他实情，他想了一会儿说道："根据我们的研究，对手是一个无恶不作的黑帽子黑客团伙。上次想干坏事的洪博士，也是他们中的一员。他们看到了这个差分机项目的领先技术潜力，估计想偷出去卖钱呢！"

申副所长点了点头："哦，不管他们的目的是什么，都必须要把差分机好好保护起来。小 G，那就拜托你们了，不能让我们的辛苦成果落入坏人之手。"

"嗯，我们一定会保护好它的，您放心吧！"

"谢谢你们。"

没过多久，虹膜和指纹锁就送来了。他们在神威的指导下，将锁安装好了。接着，申副所长、顾工程师，以及少年黑客们都录入了虹膜和指纹。这样一来，只有录入生物信息的人才能

进入房间，其他人则进不来了，大大提高了安全性。

小 G 说道："现在这里和银行的金库一样安全了。"

戴维严肃地说："这还不够。"

小 G 疑惑地问道："啊？"

戴维笑了："我们要比银行的金库更安全！"

"哈哈，说得也是。"小 G 点点头，"说起来，咱们保护的这个东西可比银行金库里的钱重要多了！"

神威也说道："是啊，在信息安全领域，人们往往是根据要保护的东西的价值来决定要用多少成本来进行保护。举例来说，用 1 万元的成本保护价值 100 万元的东西是合理的，但用 100 万元成本保护价值 1 万元的东西就不合理了。"

小 G 说道："神威，你觉得咱们应该花多少成本来保护差分机的原型？"

"哈哈，越多越好吧！事关人类命运啊，咱们出手必须阔绰一点。"

临走时，小 G 还建议顾鸣把所有窗户、通风口都加装钢条，以防再有坏人闯入。顾鸣告诉小 G 他们，他已经在处理这件事了。

回到家里，小美和大 K 也来了。大家开始了讨论。

小美向大家汇报说：“我和大 K 又找到了一些研究所网站的漏洞，已经向顾叔叔汇报了，他会立即修复。另外，我和大K 觉得，差分机原型不应该和互联网联通，因为联通之后总会面临各种各样的风险，最好还是把它和公共网络隔离开。就像**神威**上次在学校里一台不连接网络的大型机上待了好久，成功地躲避了腊肠的攻击。”

神威说道：“嗯，小美说的这种防护方式被称为‘空间隔离’，英文是‘Air-Gap’，有时又被称为‘物理隔离’‘空气隔离’‘实体隔离’等。有一些计算机设备非常重要且很容易受到攻击，比如，医院里的诊疗设备，军事、金融单位里的一些涉及机密的计算机设备。为了杜绝网络攻击，这样的设备是不建议连接公共网络的。小美提出的把差分机原型放在隔离的网络中是一个非常好的想法，我很赞成。”

小 G 问道：“这样应该就万无一失了吧？”

隔离之后，的确能大大提高安全性，但并不代表万无一失了。你们想想看，在互联网出现之前，就已经有过计算机病毒泛滥的情况了，当时病毒传播的途径主要是磁盘。这说明，网络并不是安全威胁的唯一来源。

嗯，是的，除了网络，其他信息传输方式也可能会构成安全威胁。

2010 年，一个被称为"震网"的蠕虫病毒攻击了隔离网络的伊朗核工业生产环境中的电脑。它同时利用微软和西门子公司产品的七个当时最新漏洞攻击。在这七个漏洞中，有五个针对 Windows 操作系统，两个针对西门子公司的产品。针对 Windows 的五个漏洞中，有四个属于零日漏洞。这个蠕虫病毒的复杂性非常罕见，病毒编写者需要对工业生产过程和工业基础设施十分了解。另外，在一个病毒中用了这么多的零日漏洞，也真的花了很大的代价。

这个病毒的目标是工业生产设施吗？不是普通的家用计算机吗？

 对啊，据研究，伊朗有 60% 的计算机感染了这种蠕虫病毒。它的目标其实是伊朗的核工业设施。尽管用于核工业生产环境的计算机是处于隔离的环境中，但是人们还是需要借助 U 盘或移动硬盘等来传递信息。而且，厂家提供的离心机控制软件本身也可能带有病毒。这些方面都会导致震网蠕虫病毒被传播到生产环境的计算机上。震网蠕虫病毒主要会做两种行为：一是使离心机的运行失控；二是掩盖发生故障的情况，即"谎报军情"。因此，被感染的计算机在搞破坏的同时，还会报告设备"正常运转"。据报道，震网蠕虫病毒感染并破坏了伊朗纳坦兹的核设施，影响了伊朗的核计划。

大 K 问道："离心机又是干什么的？"

"离心机是用来制造浓缩铀的，这是核反应的原材料，可被用于核电站发电或是制造核弹。"

小 G 问道："神威，是谁写了这么有威力的病毒呢？"

"有大量的证据都指向了美国国家安全局，因此病毒很可能是与美国政府有关系的网络安全团队研发的。如此复杂、如此有威力的病毒，往往都需要有很多高手进行团队协作才能开发出来。"

"哦，怪不得！"

小美说道："**神威**，既然就算把网络隔离了也不是万无一失的，那么我还需要在报告中补充一下，如果使用 U 盘、移动硬盘等传输数据，就务必先通过严格的病毒检查，并在虚拟机沙盒或是蜜罐中检查过没有问题才行。"

"嗯，是的，这样会更加安全一些。其他人还有什么建议，都可以汇总到小美那里。"

少年黑客们点点头。

神威又说道："现在暑假快要结束了，开学后大家就不会有大量的时间经常去研究所了。**戴维**，你的机器人还需要做得更加自动化、功能更强大一些。"

戴维说道："是啊，我和小 G 正在设计第二代巡逻机器人，有更强的人工智能，一个机器人可以顶十个保安。"

神威笑了："那保安岂不是都得失业了？"

戴维说："人工智能发展起来之后，肯定会在一定程度上对原有的工作岗位造成冲击。比如，保安岗位减少了，但是机器人修理和维护的岗位会增加的。"

神威说道："是的，新科技的诞生总是会对工作机会有很大的影响。比如，汽车的出现让社会上不再需要许多马车夫了，工业机器人的出现也淘汰了大量的蓝领工人，人工智能的发展将来还会淘汰掉很多工作岗位。比如，人工智能的应用之一——自动驾驶——出现了，就会淘汰掉很多司机；还有，很多律师、银行的工作也很容易被人工智能取代。"

大 K 说道："这样一来，他们不就失业了吗？他们的生活该如何获得保障呢？"

"对，这是一个很大的问题，有不少的社会学家和伦理学家都在研究。如果解决不好，就会对社会造成冲击。不过，大致的解决方法还是很清楚的——旧的工作消失了，还会出现新的工作。比如，刚才**戴维**说了，尽管保安的岗位减少了，但是机器人修理和维护的工程师的岗位需要则增加了。我们需要让从事旧的工作的人接受培训，换到新的岗位上去。总之，我们要时刻学习新知识、新本领，这样就不会被社会淘汰了。"

少年黑客们一起学习、讨论，不知不觉就到了晚上，小美和**大 K** 回家了。

半夜，小 **G** 和**戴维**正在熟睡中，突然，巡逻机器人的遥控器响了一声，又停下来了。

戴维立刻坐起来，发现画面上一片空白。小G揉着眼睛过来，问道："怎么了？"

"奇怪，怎么什么都看不到呢？"

巡逻机器人出了什么问题？为什么看不到画面了呢？请看下一章。

趣知识

你很可能没见到过真实的网络战，也许会怀疑网络战是否真的存在。在本章中，神威讲到的震网蠕虫病毒就是一个关于网络战的真实案例。

震网蠕虫病毒的英文名字是 Stuxnet。2010 年 6 月，白俄罗斯网络安全公司 VirusBlokAda 发现了它，并根据其代码中的关键字为其命名。它是首个被发现的针对工业控制系统的蠕虫病毒。俄罗斯安全公司卡巴斯基实验室发布了一个声明，认为它"是一种十分有效并且可怕的网络武器原型，这种网络武器将导致世界上新的军备竞赛——一场网络军备竞赛时代的到来"，并认为"除非有国家和政府的支持和协助，否则很难发动如此规模的攻击"。伊朗成了真实网络战的第一个目标。

　　该蠕虫病毒的复杂性非常罕见，病毒编写者需要对工业生产过程和工业基础设施都十分了解。利用 Windows 的零日漏洞数量也不同寻常，因为根据 Windows 零日漏洞的价值来看，黑客通常不会这么夸张到让一个蠕虫同时利用四个零日漏洞。病毒的体积比较大，大约有 500KB，并使用了多种编程语言（包括 C 和 C++），通常的恶意软件也不会这样做。编写这些代码被认为需要很多人工作几个月，甚至几年。这样大费周章的设计，也是它被怀疑有军事背景的因素。

　　2012 年，《纽约时报》报道，美国官员承认这个病毒是由美国国家安全局在以色列协助下研发的，并以"奥运会行动"（Operation Olympic Games）为计划代号，目的在于阻止伊朗发展核武器。

　　可见，网络战不仅真实存在，还会造成相当大的破坏。因此，我国也必须对此做好准备。

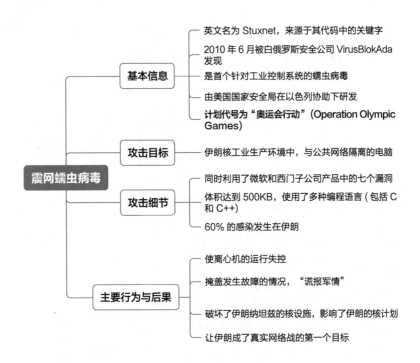

震网蠕虫病毒

基本信息
- 英文名为 Stuxnet，来源于其代码中的关键字
- 2010 年 6 月被白俄罗斯安全公司 VirusBlokAda 发现
- 是首个针对工业控制系统的蠕虫病毒
- 由美国国家安全局在以色列协助下研发
- **计划代号为"奥运会行动"（Operation Olympic Games）**

攻击目标
- 伊朗核工业生产环境中，与公共网络隔离的电脑

攻击细节
- 同时利用了微软和西门子公司产品中的七个漏洞
- 体积达到 500KB，使用了多种编程语言（包括 C 和 C++）
- 60% 的感染发生在伊朗

主要行为与后果
- 使离心机的运行失控
- 掩盖发生故障的情况，"谎报军情"
- 破坏了伊朗纳坦兹的核设施，影响了伊朗的核计划
- 让伊朗成了真实网络战的第一个目标

第13章
机器人大赛上的风波

......什么是生成对抗网络..................|

上一章讲到戴维拿起遥控器想看看巡逻机器人为什么会报警，可是他完全看不到任何画面。

没过几秒，屏幕上显示"连接中断"。

小 G 也觉得蹊跷，问道："怎么回事？好像连不上机器人了！"

戴维说："是啊，连接中断了，好奇怪。"

正当两个人不知道该怎么办的时候，连接突然又恢复了。戴维操控着摄像头，让它朝四面八方转了转，都没有发现任何问题。

戴维嘟囔道："好奇怪啊，究竟是怎么回事呢？"

他们又观察了一会儿，却没再发生什么情况，小 G 打了个哈欠说："看来应该是没什么事了，会不会是机器人的零件出了什么意想不到的问题呢？或者会不会是受到了周围什么信号的干扰？算了，咱们还是睡觉吧。"

"好吧，我也不清楚到底发生了什么。"

第二天，小 G 和戴维开始组装新的巡逻机器人了。这款机器人主要升级了人工智能的模块，采用更加先进的专用人工智能芯片，提高了识别能力和决策能力，能更加自主地完成巡逻任务。

小 G 问戴维："我记得国际青少年机器人精英挑战赛好

像快要举行初赛了吧？"

"对啊，还有几天，我们就用这款机器人去参加初赛，比完赛就让它去计算机研究所当保安。"

神威说话了："你们要用这款机器人去参加挑战赛，主意不错。戴维，你知道有多少支队伍吗？"

"不太清楚，听说有 100 支左右吧，前六名有资格参加决赛。"

"有没有信心？"

小 G 替戴维回答道："当然有啊！你看我们之前的巡逻机器人不仅发现了坏蛋，还在坏蛋的屁股上打了一枪，多厉害啊！那是经过了实战的！这款新做的升级版机器人更厉害了，没有理由过不了初赛的，对吧，戴维？"

戴维面露得意，开心地说："当然了，你说得很对！"

神威说："我最近几天发现杰明老师在学校辅导其他班级的同学制作机器人，说不定也是准备参加这场挑战赛的。"

"哦？"戴维觉得有点奇怪，"杰明老师好像不太懂机器人啊！我以前和他聊过，他知道的还不如我多呢！"

小 G 说道："说不定前段时间的事情让他对脑机接口失去了兴趣，转向机器人领域了。咱们不能用老眼光来看人嘛！"

"哈哈，那倒也是。等到了赛场上，看看是杰明老师指导制作的机器人厉害，还是咱们的机器人厉害。"

两天后，小 G 和戴维参加初赛，小美和大 K 也来助威。

初赛是在一个体育馆里举办的，馆内划分了多块场地，可以同时进行多场比赛。为了防止作弊，馆内的四周高处还安装了不少的摄像头用于监督。

选手需要在比赛中完成三项颇具挑战性的任务：第一项，操控机器人跨越障碍，到达模拟的敌占区；第二项，操控机器人在敌占区放置炸弹，破坏通信线缆；第三项，操控机器人在几个敌方机器人的围堵下顺利逃脱。

选手大多只完成了第一项任务，有几支队伍顺利完成前两项任务，但到了第三项都失败了。

这时，少年黑客们发现隔壁班的同学上场了，旁边站着的指导老师正是杰明老师。

小 G 说道："真的是杰明老师呀！看上去挺精神的，一点问题都没有了。"

赛场上，大家发现隔壁班同学设计的机器人真的很不错，完成前两项任务的速度也比其他队伍快。在做第三项任务时，他们的机器人也表现得相当灵活，只可惜在即将冲出围堵时，机器人的轮子掉了，无法前进了。围观的人们无不为他们感到惋惜。

接下来，轮到戴维的机器人上场。机器人表现得非常棒，顺利完成了三项任务，而且完成每项任务的用时都是全场最少的。少年黑客们都为它的表现而高兴。

就在要宣布初赛结果时，组委会突然通知戴维，让他去组委会办公室一趟。小伙伴们陪着他一起前往。

组委会的一名工作人员拿出了一张照片，对戴维说："你的机器人的成绩本来是排在第一的，但有人举报你在赛前把成绩排在第二的队伍的机器人的轮子弄松了，导致他们在完成第三项任务的过程中失败了。"

少年黑客们都大吃一惊，不敢相信自己的耳朵。

组委会的工作人员说："你们看看这张照片，是举报人送来的。"

大家一看照片，还真的是戴维，他正拿着一把螺丝刀，像是趁着别人不注意，偷偷地在对隔壁班的机器人做着什么。

戴维着急地说："这肯定不是我，我是不会干这个事情的！

一定是有人在捣鬼！"

组委会的工作人员说："这张照片拍摄得非常清晰，因为组委会认为确实是你犯规了，你的成绩也会因此被取消。"

戴维觉得脑袋"嗡"地一下。要是因为自己的机器人发挥不好而没有进入决赛也就算了，但现在组委会竟然说自己因为作弊而要被取消成绩，他实在接受不了。

小 G 接过照片，冷静又仔细地看了看，说道："老师，照片中的这个人不是戴维。"

组委会的工作人员将照片拿过来，也认真地看了看，问道："怎么可能不是他呢？你看这脸，拍得多清晰。"

小 G 说："老师，您只注意了照片中的人的脸，请您再仔细看看人的衣服——无论是款式还是颜色，都和戴维今天穿的不一样。我敢肯定，这张照片是伪造的！"

组委会的工作人员又仔细地看了看，说："照片中的人和戴维的脸是完全一样的，衣服嘛……也许是他后来换了。就算衣服不一样，也不能说明什么。"

小 G 继续坚持地说道："我注意到比赛现场有很多的摄像头，请您调出摄像头拍下的监控视频，看看戴维在中途有没有换衣服。这项比赛对戴维而言很重要，给您添麻烦了！"

　　组委会的工作人员犹豫了一下，最终还是同意了。过了好一会儿，她回来了，说道："我们找到了这幅照片拍摄时的监控视频。视频显示，弄松轮子的确实是另外一个人，当时戴维站在离这里比较远的地方。"

　　小 G 问道："能看清楚是谁吗？"

　　"看不清楚。看来，这张照片的确是一张假照片，没想到现在假照片能做得这么逼真了。要是没有视频证据，我们真的要冤枉好人了，很抱歉因为我们工作的疏忽给你们造成的麻烦。戴维，恭喜你，你的机器人以第一名的成绩晋级决赛！"

　　少年黑客们情不自禁地为戴维鼓起掌来。戴维感激地拍了拍小 G 的肩膀。

　　随后，大家一起到了小 G 家里，讨论起今天在比赛时遇到的怪事。

　　戴维说道："那张照片看起来一点破绽都没有，我都差点怀疑是不是我在失去意识的情况下干的了。"

　　小 G 问道："神威，那张假照片怎么会如此逼真呢？这是什么技术搞出来的？"

神威说道："这张照片看来是用一种叫作 GAN 的技术干出来的。"

大 K 问道："GAN？听起来好拗口。"

 能做到这样照片造假的技术有好几种，其中一种就是 GAN，也就是生成对抗网络。

那它是怎么造假的呢？

 GAN 的理念其实很简单，它有一个生成器，用来造假，还有一个判别器，用来区分真假。我们打个比方，比如有一位名画鉴赏家，他最擅长分辨毕加索的真迹，那么这位鉴赏家就是判别器。还有一位专门画毕加索假画的人，我们称他是生成器。他画了几幅假画，混在真画里拿给鉴赏家。鉴赏家根据经验，分辨出了他的假画，并告诉他，为什么自己认为这几幅画是假的。画假画的人听了，回去又画了几幅混在真画里拿了过来。这回鉴赏家还是分辨出来了，但比上次要困难一点，耗时也久一些。画假画

的人回去以后又做了改进，再将假画混入真画中让鉴赏家分辨的时候，分辨的难度又提高了。就这样，反反复复很多次，画假画的造假水平越来越高，鉴赏家也会在这个过程中提升了鉴别水平。不过，最后鉴赏家也分不出假画了。这就是 GAN 的基本思路。

这样的思路好精巧啊！最后生成器造的假，连判别器都分辨不出来了。

对。人们在使用这种技术的时候，生成器和判别器都是用不同的人工神经网络实现的，连在一起训练，让生成器造假的能力和判别器鉴别的能力同时获得提升。运用 GAN 技术，能把照片或视频里的人进行"换脸"，可以做到以假乱真的程度。今天戴维遇到的这件事，就是有人事先拍好照片后，再运用 GAN 技术把照片中人物的脸换成了戴维的脸。

这样的造假技术有什么用处呢？是不是只能用来干坏事啊？

GAN 有很多用处，比如，拍电影时，如果想往里面加入一些已过世的影星，就可以请一位体型与之相似的替身演员来演，再用 GAN 技术用老影星的脸替换替身演员的脸，这样就能完成一部在之前不可能完成的电影了。在图片处理中，还可以运用 GAN 技术把模糊的照片变得清晰，提高照片的清晰度。此外，运用 GAN 技术还能生成一些原本并不存在的、看上去又很真实的东西，丰富机器学习的数据。

电子游戏中是不是也可以用到 GAN 技术呢？

对啊，游戏里可以运用 GAN 技术模拟出真实的东西，我们常去的网络虚拟空间也大量运用了这种技术。

我明白了，GAN 技术的本质就是它学习到了真实数据的规律，知道了如何造假才符合真实数据的规律，这样造的假看起来就和真实的完全一样了。

对，你理解得很对。

我也听懂了，但它也给人们带来了一些困扰，让人们很难分辨出真假，因此存在着很大的安全隐患。今天戴维的遭遇就是一个例子。如果想诬陷他的人把衣服也换了，就真的很难说清楚了。

确实，GAN 这个技术带来了难以分辨真假的问题，主要是给法庭、公安带来了一些取证的挑战。以后照片、视频、笔迹作为证物都得更加小心了。

戴维嘟哝着："到底是谁想诬陷我呢？"

大家沉默了一会儿。小G突然说道："对了，你们还记得照片上那个人的衣服吗？我看着有点眼熟，好像是……"

小美、大K、戴维齐声说道："杰明老师！"

到底是不是杰明老师要诬陷戴维呢？如果是，他又为什么要这么做？请看下一章。

趣知识

在本章中，神威给大家讲了一种名为"GAN"的人工智能技术。这种技术由美国的人工智能专家伊恩·古德费洛（Ian Goodfellow）发明，旨在通过让两个人工神经网络对抗来达到更好的训练效果。

那么 GAN 有哪些用处呢？下面我们来举个例子。

大家知道，有很多老照片的分辨率很低，而且还有损坏，看上去模糊不清。使用 GAN 技术可以提高这些老照片的清晰度。比如下面的两张图灵的照片，左边是原图，右边是用 GAN 技术处理过的，明显可以看出来照片的清晰度大大提高了。

另外，在科研领域，GAN 可以帮助科学家们生成高度仿真的数据。比如，宇宙学家们利用它模拟暗物质在太空中特定方向的分布。这种方法大大节省了时间和算力。

在 2016 年的一次研讨会上，图灵奖得主 Yann LeCun 曾称 GAN 为"机器学习这二十年来最酷的想法"。

这么酷的想法究竟是如何诞生的呢？

2014 年的一天晚上，伊恩和一位朋友讨论如何让电脑自己生成图片。当时，已有研究人员使用深度学习算法作为生成器来创造合理的数据，但是结果并不理想——往往是模糊不清或是人物缺耳朵少鼻子。

伊恩的朋友认为，可以先对那些组成图片的元素做复杂的统计分析来帮助生成器生成图片。不过，伊恩认为这需要大量的运算，不可行。在与朋友的讨论过程中，他突然有了一个想法：如果让两个神经网络对抗会出现什么结果呢？对此，他的朋友持怀疑态度。

当天晚上，伊恩连夜写代码到凌晨，然后做测试，在第一次运行时就成功了，获得了比以往好得多的生成效果。

这个方法就是 GAN，如今已在机器学习领域产生了巨大的影响，也让伊恩成为人工智能学术界的重要人物。

伊恩曾在斯坦福大学获得计算机科学学士和硕士学位，师从人工智能界著名学者吴恩达（Andrew Ng）；后来在蒙特利尔大学获得博士学位，师从 2018 年图灵奖获得者约书亚·本吉奥（Yoshua Bengio）。从伊恩的学习经历来看，他不仅积累了大量的知识，还跟着名师拥有很强的能力。因此，当灵感来临之时，他才能迅速把握并有所成就。

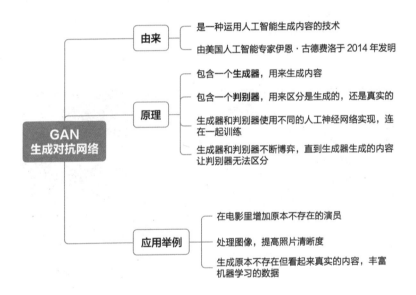

第 14 章
杰明老师又被红骨控制了吗

......对抗样本是如何干扰 AI 识别
图像的..|

上一章讲到大家发现在那张造假的照片中，破坏隔壁班同学机器人的竟然是**杰明老师**。

大K很不理解："**杰明老师**不是他们的指导老师吗？为什么要破坏他们的机器人呢？"

小G有些不愿相信地说："我推测是他想嫁祸给戴维，不想让戴维参加决赛。"

小美也不愿相信是这个原因，于是问戴维："会不会是有其他什么原因呢？戴维，**杰明老师**跟你有什么误会或是出现什么矛盾了吗？"

戴维不假思索地说道："怎么可能？！我和他的关系一直很好。"

小G想不明白了，问道："**神威**，你觉得这是怎么回事？"

神威说道："嗯……这个……我也想不明白……除非……"

小G恍然大悟地说道："除非，**杰明老师**还在被红骨控制着。**神威**，你是想说这个吗？"

神威说道："是，你和我想到一起了，但我有些不敢相信。"

戴维不同意："不应该吧，我已经把他的脑机接口设备取下来了，他也说过再也不玩那个东西了。"

小美也说道："我也觉得不会。不过，除了脑机接口，红骨还能有什么方法控制杰明老师呢？"

大 K 也感到疑惑，问道："小 G，你是怎么知道杰明老师还在被红骨控制的呢？你有没有证据呀？"

小 G 说道："哎呀，我哪有证据，我这不也是猜测嘛！不过，咱们可以想办法拿到证据。"

小美、戴维和大 K 眼睛一亮，都凑到小 G 旁边，迫不及待地问道："快说，快说，你有什么办法？"

小 G 说道："神威，你还记不记得你以前给我们讲过的对抗样本？"

神威说道："记得，你是想要用对抗样本来分辨人和机器吗？这的确是个好办法。"

小 G 说道："是啊。对抗样本能让人工智能识别图像时产生错觉。比如，一张熊猫的图片经过精心改动后，人看这张图片时还是认为是熊猫，人工智能却会将它识别成长臂猿。尽管人类也有视错觉，但是和机器的视错觉不一样。如果我们用对抗样本证明了杰明老师会产生和人工智能一样的视错觉，就说明杰明老师仍被红骨控制着。"

少年黑客们听了小 G 的方案，都觉得很有道理。**神威**也很认可地说道："这个方案是挺好的，但还是存在着一些风险，咱们要好好准备一下。"

小 G 问道："会有什么样的风险呢？"

"在科学家们发现对抗样本后，他们也在不断地研究如何降低对抗样本的影响。针对对抗样本的特性，他们已研究出了一些防御的方法。因此，我怀疑普通的对抗样本技术是很难让红骨产生错觉的。"

"那该怎么办呢？"

神威带着几分得意地说："还好我从黑客领袖那里学到过几个制作对抗样本的大招。给我两天时间，我能做好一些对抗样本，一定能让红骨现形。"

少年黑客们连连点头，小 G 说道："**神威**，那这项艰巨的任务就交给你啦！"

神威说道："保证完成任务！戴维，后天正好要开学了，你和**杰明老师**约一下，就说要带小伙伴们去他那儿玩，咱们可以借此机会用对抗样本验证一下。"

"好的！"戴维答应道。

大 K 突然喊道："天啊！后天就要开学了，我暑假作业还有好多没做完呢！这下可完蛋了！"

小美笑道："我一个月前就做完了，你怎么这么慢啊？赶紧回家补作业吧！"

"我先撤了！回家补作业了，看来这两天得熬夜了。"说完，大 K 满脸痛苦地往家奔去。

小 G 说道："嘿嘿，我只剩一点了，明天就能做完了。戴维，我的学习计划做得很完美吧！"

"哈哈，你别得意！要不是我每天晚上督促你写作业，你怎么能及时完成呢？你得感谢我！"

"对啊，那你以后就一直住在我家，别回去了！"

"哈哈，我考虑考虑吧。"

戴维和杰明老师约好，后天上午去学校报到后就去宿舍看他。杰明老师很高兴，还特意让戴维一定要带上小伙伴们一起来玩。

第二天晚上，神威发给小 G 和戴维 10 张照片，让他们用彩色打印机打印出来。小 G 看着这些打印出来的照片，说道："这些照片上的大熊猫啊都很可爱啊！有睡觉的，有吃竹子的，还

有……排便的。"

神威说道："这 10 张照片，人类看起来全都是大熊猫，但是其中有 5 张是我用'大招'生成的对抗样本，目的是欺骗人工智能将其认成金丝猴，希望能有用。如果**杰明老师**把这 10 张照片都认成熊猫，我们就无法确定**杰明老师**是不是被红骨控制了；相反，只要他将其中的一张认成了金丝猴，就可以证明了。"

小 G 问道："**神威**，制作这些对抗样本是不是很困难？"

"是啊，最主要的问题是，我不知道红骨的视觉系统到底是怎么工作的，所以我只能对他的视觉系统进行黑盒攻击。如果我知道他的视觉系统工作机制，就可以进行白盒攻击了。白盒攻击比黑盒攻击要简单得多，而且很容易取得好的效果。说实话，我对此并不是很有信心的，但还是希望这几张对抗样本能有效，否则我们就只能想别的办法了。"

神威，白盒、黑盒是什么意思？

当我们查找一个信息系统的问题时，可以把它想象成一个盒子。如果我们不知道这个盒子内部的具体工作原理，只能通过它的外在表现来做研究，那么这个盒子对我们来说就是黑盒。在这种情况下，由于信息比较少，因此研究难度比较高。

那么，白盒的意思是不是，我们有这个信息系统的源代码？

没错。如果我们有源代码，就可以做代码审计，从代码这个层级做研究，这个系统对我们来说就没有秘密可言了，我们可以将盒子内部看得一清二楚。其实，我觉得把它叫作透明盒更合理一些，但人们已经习惯称它为白盒了。

　　小 G 和戴维又进行角色扮演演练了好几次，确保在见到杰明老师时不会出差错。直到他们认为自己准备就绪，才上床睡觉。

　　次日，新学期开学了。

　　小 G 和戴维早早到了学校，他们在校园里碰见了小美。

　　小美问道："你俩准备得差不多了吧？"

小G回答道:"对呀,我们演练了好几遍,肯定不会出差错了。你看,这里有 10 张大熊猫的照片,其中有 5 张能让人工智能识别成金丝猴。哪怕**杰明老师**只把其中的一张认作金丝猴,也足以证明我的猜测了。"

在**小美**翻看图片的时候,**大K**也过来了。

小G一看**大K**,说道:"哇,**大K**,你怎么都有'熊猫眼'了?"

大K嘟囔道:"哎呀,连续两个晚上熬夜补作业呢,我能不'熊猫眼'吗?总算都补完了。嘿,**小G**,你拿这大熊猫照片是在嘲笑我吗?太不够意思了!"

小G说道:"不是啦,这是**神威**做的用来测试**杰明老师**的对抗样本呀。"

"哦,明白了,咱们快去教室吧!"

少年黑客们进了教室坐好后,没过几分钟,王老师进来了。

"同学们,新学期开始了,你们又升高了一个年级,希望大家更加努力学习,取得更大的进步。在这个暑假里,来访的**戴维**同学和我们班的**小G**同学一起,在青少年机器人特工大赛的预赛中取得第一名的好成绩,顺利进入决赛。同样晋级的还有隔壁班的队伍,他们在预赛中取得了第二名。祝贺他们!"

同学们鼓起掌来，小 G 和戴维都十分开心。

王老师又说道："另外，在暑假的信息科技夏令营中，咱们班的小美同学和大 K 同学分别获得了编程竞赛第一名和第二名，他们将代表学校参加今年市里的编程竞赛。祝贺他们！"

同学们又热烈地鼓起掌来。大 K 开心地笑了，这是他第一次这样被大家肯定。小 G 在为好朋友鼓掌的同时也感到有些惋惜，心想：这次因抓坏蛋而放弃了编程比赛，明年争取能参加比赛，取得好成绩。

王老师又讲了一些新学期要注意的其他事情，收齐了暑假作业，发了新书，就宣布放学了。

小 G 和小伙伴们聚集到一起，朝杰明老师住的教工宿舍走去。

到了宿舍，杰明老师很高兴，让大家坐下，并给他们倒了水。

杰明老师说道："非常感谢你们救了我，我现在已经完全恢复正常了。"

戴维说道："杰明老师，以后您玩脑机接口时可得格外小心啊！"

　　"是啊，我现在都不玩脑机接口了，我改玩这个虚拟现实了。"说着，杰明老师拿出来一个 VR 头显，对小 G 说："小 G，你来帮忙看看这个头显好不好用。"

　　小 G 接过头显后戴好，说道："咦？虽然有亮光，但是看不到什么图像呀！"

　　杰明老师把头显拿过来，说道："哦？那可能是坏了吧，我得去修修。"

　　戴维问道："杰明老师，要不要我也试试？"

　　"啊，不用不用，我去修一下再说吧。戴维，你们暑假出去玩了吗？"

　　"对了，杰明老师，我们前几天去了动物园，拍了几张照片，想和您分享一下，都是很可爱的动物呢！"

　　戴维把 10 张大熊猫的照片拿了出来，递给杰明老师。杰明老师一边翻看着照片，一边说："大熊猫好可爱啊！嘿，这张是在排便呢，还这么居高临下，哈哈哈。"

　　杰明老师一张张慢慢地看完了，却一句也没提到金丝猴。小 G 心里嘀咕起来：难道是我猜测错了？

　　戴维接回照片，问道："杰明老师，您看这些大熊猫和金丝猴的照片，是不是都非常可爱呀？"

"金丝猴？"杰明老师疑惑地问道："这不都是大熊猫的照片吗？没看到金丝猴啊！"

戴维又佯装翻了翻照片，说道："哦，是我搞错了，我忘了带金丝猴的照片了。"

戴维看了一眼小 G，那样子好像在说"是咱们搞错了，杰明老师没有被红骨控制"。

小 G 觉得很奇怪，如果杰明老师没有被红骨控制，那么怎么解释他试图栽赃戴维呢？突然，小 G 灵机一动。他谎称去洗手间，并在那里悄悄地通过眼镜跟大家说道："我待会儿拿一张图片给杰明老师看，你们都不要发表看法，只要同意他的说法就行了。"

小 G 从洗手间出来后，从包里拿出笔记本电脑，找到一张图片，黑色的背景上有很多纵横交错的白线，每个交叉点上都有一个圆点。小 G 把这张图片拿给杰明老师看："杰明老师，您看看这些交叉点中有几个是黑色的几个是白色的？"

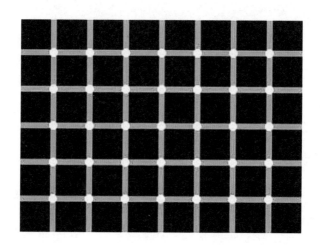

"好，我看看。"杰明老师只看了一眼就说道，"哈哈，这么清楚，全都是白色的，没有黑色的。小 G，你是不是不放心我恢复正常了？我现在好得很呢！"说着，他还拍了拍小 G 的肩膀。

"就是，就是，"其他小伙伴们也说道，"我们就说杰明老师完全正常了吧？小 G 你还不信！"

"嘿嘿，我也是关心杰明老师嘛！"小 G 笑着挠了挠头。

从杰明老师的宿舍出来，小 G 对大家说道："我敢肯定，杰明老师确实仍被红骨控制着！"

小 G 的根据是什么？接下来，少年黑客们要如何行动呢？请看下一章。

趣知识

在本章中，神威提供了 10 张大熊猫的照片，其中有 5 张是对抗样本，目的是想确认杰明老师是否被红骨控制着。不过，杰明老师将这 10 张照片都认作大熊猫了，神威的计划未能成功。

视觉系统是人类最为重要的感觉系统，人的大脑皮层有三分之一的面积都与视觉有关。在人从外界接收的信息中，视觉占据绝大多数。

人类的视觉系统的工作过程大概是这样的：光线进入眼睛，经过晶状体、玻璃体等的折射，在视网膜上成像。视网膜上有大量的光感受器细胞，这些细胞能将光信号转化为电信号，然后一些其他的细胞会协助初步整合后传给视网膜神经节细胞，由它们把视觉信息通过视神经传入大脑。随后，大脑会经过多层的处理，提取视觉信息中的关键特征。初级的特征有朝向、色彩等，会在初级视觉皮层被提取出来；高级的特征有形状、人脸、运动等，会在高级视觉皮层被提取出来。人们在最终才能得到对图像内容的理解。

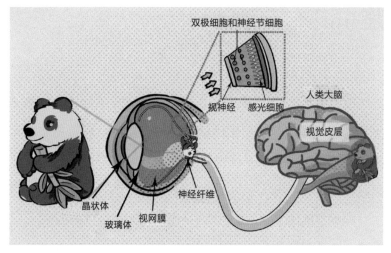

○ 人类视觉系统的工作过程

　　从这个过程来看，小 G 和神威的计划要想取得成功，就要以此为前提：如果红骨确实控制了杰明老师，他就应该直接接管视神经传来的视觉信息，通过他自己的人工神经网络来处理，形成对图像的理解。如果让杰明老师的大脑处理图像信息，就肯定不会误判对抗样本了。

　　是否满足这个前提呢？看起来应该是满足的。如果红骨想更好地控制杰明老师，最佳方案就是接管其主要的感觉处理系统，比如视觉、听觉、触觉等。红骨应该是这样做了，但为什么神威的方案失败了呢？这很可能是因为红骨已经针对神威的对抗样本算法做过了加强，使得神威的算法失效了。

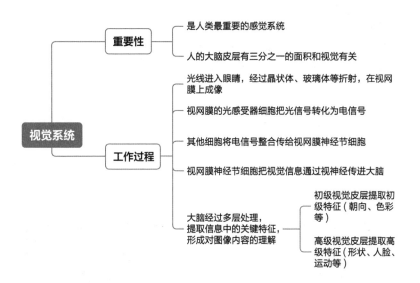

第 15 章
小 G 设计的陷阱

...... Wi-Fi 路由器是如何发送信号的

上一章讲到大家从杰明老师的宿舍出来。小 G 很有把握地说，杰明老师正在被红骨控制。大家问他为什么。

小 G 解释道："我们原本的计划是测试杰明老师是不是有人工智能的错觉，没能成功。不过，我们其实也可以反向操作。也就是说，只要能证明杰明老师没有人类的错觉，就说明他和人类不同。我给他看的图片是一张会让人类产生错觉的图片。你们刚刚也看到那张图片了，是不是感觉有一些交叉点是黑色的，但这些点又在不停地变化，有时黑有时白呢？然而，人工智能对此是不会产生错觉的，只会认为这是一张很简单的图片，并能一下子识别出所有的交叉点都是白色的。"

大 K 说道："哦，原来是这么回事。小 G 的这个方法太棒了！"

小美说道："确实是这样。人类有错觉，人工智能也有错觉，只是二者的错觉不一样。"

戴维问道："接下来我们应该怎么办呢？"

神威说话了："小 G 的这招很巧妙。我的建议是，现在大家还是先装作不知道吧。杰明老师没有戴脑机接口，却仍被红骨控制着，我猜想，很可能是杰明老师在意识不清时被做了手术，他的颅骨中很可能被安装了电脑芯片来作为脑机接口使用，这应该还是红骨干的。"

戴维挥了挥拳头，非常气愤地说道："红骨实在是太可恶了！"

神威说："对。现在咱们还没有想出周全的方案救杰明老师，所以还是先忍耐一下。杰明老师现在是被红骨控制的，所以大家在和他沟通时都务必要小心谨慎，不要泄露我们的机密。"

小 G 犹豫地说道："在杰明老师宿舍的时候，他让我戴了一下他的 VR 头显。我戴上以后什么都没有看到，他说那个头显可能坏了。我后来回想起来，总觉得那个东西有问题，但又想不明白到底是哪里有问题。"

神威想了一下，说道："坏了，你被他采集了虹膜。"

"对呀！"小 G 恍然大悟，"如果这个 VR 头显里隐藏了摄像头，就可以把我的虹膜拍下来——哎呀，还有我的指纹！当我把头显戴在头上的时候，10 根手指全都接触着头显呢，他完全可以把我的指纹都收集起来。"

"对啊，这样一来，红骨就能用你的信息打开门锁，你们为计算机研究所新安装的虹膜和指纹锁就都不起作用了。"

戴维说道："不用怕，咱们的巡逻机器人能看好机房门的。上次那两个坏蛋来了，还被我用激光枪打了屁股呢！相信他们不敢再来了。还有，那里的窗户、通风口也都加装了钢条，坏蛋进不来的。"

神威停了一下，说道："我有点担心红骨会使用另一种机器人技术偷偷潜入计算机研究所。"

小伙伴们着急地问："是什么技术？"

"机器人小型化技术。如果红骨用这种技术制造出昆虫那么大小的机器人，就能够顺利进入计算机研究所了。"

小 G 说道："哎呀，咱们很难防得了那么小的机器人吧？"

戴维说道："小 G 你还记得吗，前几天晚上，巡逻机器人突然中断过一次连接，咱们无法从遥控器上看到任何画面。没过多久，它又恢复了正常。这是否有可能是因为已经有机器昆虫潜入计算机研究所了，用某种方法切断了咱们和巡逻机器人的联系呢？"

神威说道："这是很有可能的。巡逻机器人目前是通过 Wi-Fi 联网，然后和你的遥控器进行连接的。如果他们想切断连接，那么只需用金属笼把机器人罩在里面就能阻断电磁波了，这样机器人身上的 Wi-Fi 模块就既接收不到信号，也无法发送信息。"

"哦，原来是这样！我觉得非常有可能。"

小美说道："那我们要赶快行动了，小 G 的指纹和虹膜都已经被红骨掌握了，他们可以轻松进入差分机原形的机房了。"

大 K 也说道："对呀，再不行动就晚了！神威、小 G，你们有没有办法？"

小 G 想了一会儿，说道："我倒是想到了一个主意，说不定能行得通，我想跟大家商量一下。"

大家着急地问道："有什么主意？快说呀！"

小 G 说道："红骨去计算机研究所的目的，就是得到差分机原型的代码。我们不妨弄个假的差分机放在机房里，存入假代码，让红骨把假代码拷走。"

大 K 说道："拷走假代码？一旦他发现了，就一定会再来的。"

小 G 笑着说道："嘿嘿，哪能这么便宜他？这个假代码其实是咱们可以控制的木马病毒，一旦运行了，就会感染他的计算机。"

神威说道："嗯，这个计划确实不错，咱们将计就计，让红骨栽个大跟头。"

大家一起击掌："少年黑客，对抗邪恶！"

商量好后，少年黑客们立刻打车赶赴计算机研究所。在出租车上，小 G 联系了顾工程师和申副所长，告诉他们有迹象表明，差分机机房有被入侵的风险。

到了计算机研究所，大家一起在放差分机原型的机房里立起了一些厚纸板，挡住了原来的机架。然后，他们又搬来一个小的机架，在上面放一些旧的计算机机箱，并将一个体积比较大的旧机器放了正中间。小 G 给那台位于正中间的旧机器上复制了一个木马病毒。他们还在走道和机房的隐蔽地方加装了几个摄像头，便于观察异常情况。

"哈哈，完工！"小 G 在下巴下面比了个"八"，"我不愧是宇宙最强黑客！陷阱已经备好，现在就等红骨来了。"

小伙伴们准备完毕就各回各家了，并约定如果晚上发生紧急状况，大家就一起进入网络虚拟空间行动。

晚上，小 G 和戴维轮流值班，每人睡两个小时，然后换班。凌晨两点时，正值小 G 值班，他发现异常后立刻把戴维摇醒，又通过眼镜呼叫小美和大 K。不一会儿，大家一起连进了网络

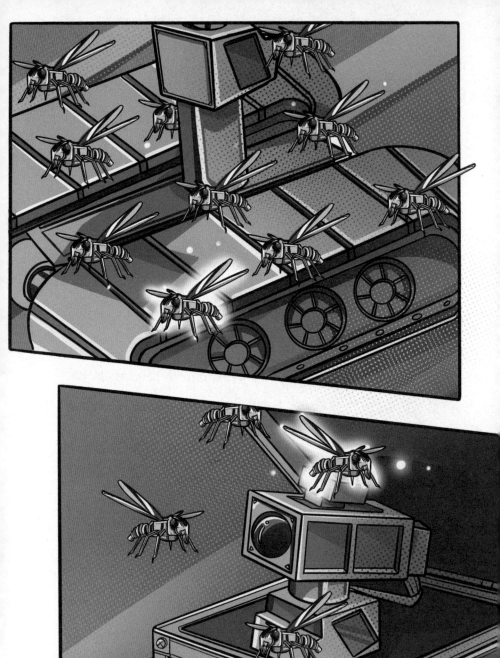

虚拟空间，**神威**也来了。小 G 把新安的摄像头拍摄到的画面展示给大家。

只见有很多机器昆虫飞到了巡逻机器人上方，然后把机器人拉离了地面，放进一个金属容器中，盖上了盖子。于是，巡逻机器人断网了。

"你们看，走廊里之前安装的那几个摄像头也都被挡住了。"听小 G 这么一说，大家才发现确实如此——之前安装的那几个摄像头前面都有几只机器昆虫拉着一块布遮着。

神威，为什么巡逻机器人被放进金属容器之后就断网了呢？

巡逻机器人是使用电磁波和 Wi-Fi 路由器进行通信的。当 Wi-Fi 路由器发出的电磁波到达金属容器的表面时，会在金属容器上产生微弱的感应电流，这些感应电流会阻碍电磁波的传输，使电磁波无法穿透金属容器，传给巡逻机器人了。同样的道理，巡逻机器人发出的电磁波也无法穿透容器到达 Wi-Fi 路由器，这样一来，它们之间的通信就中断了。

哦，原来是感应电流产生了阻碍作用，所以必须用导电的材料来实施屏蔽，对吗？

对，就是这样的，导电效果越好的金属，屏蔽效果也会越好，因此人们通常会用铜来做屏蔽材料。像是木头、塑料、玻璃之类的不导电的材料则无法屏蔽电磁波。而且，材料表面上不能留缝隙。因为一旦留有缝隙，电磁波就能穿过去了，会影响屏蔽效果。它们把巡逻机器人装在金属容器里，这盖子得密封得很好才行。

小 G 说道："让这些机器昆虫费这么大劲来屏蔽电磁波，而不是直接把巡逻机器人摔坏，看来红骨还是想行动得隐秘一些，瞒着我们悄悄地把差分机的代码偷走。"

神威说道："对，它们还没有绝对的把握偷走代码，因此还是秘密行动的，不想惊动我们。"

"快看！"大 K 指着通风管道那里。

大家看到又从通风管飞进来几只机器昆虫。它们的体积比较小，要仔细看才能看到。不过，它们扛着的两个白色的东西还是比较显眼的。只见这几只机器昆虫飞到了差分机原型的机房门口，其中两只把一个像薄片一样的白色东西按到指纹采集器上，另两只把一张照片放在虹膜采集器前。

小 G 有点不理解：" **神威** ，红骨怎么知道我用的是哪根手指录的指纹呢？"

"人们在录指纹时通常都会用右手食指或大拇指，因此它们很可能会优先带来这两根手指之一的指纹。如果尝试错误，估计它们很快还会从通风口运新的指纹进来。"

"呃……好吧，"小 G 看了看自己的手，说道，"我就是用右手食指录的指纹。"

正在讨论时，门被打开了，看来它们窃取的小 G 的虹膜和指纹都通过了验证。"天啊！这么快！"大家都惊呼道。

突然，大家看到那些机器昆虫都躲了起来，巡逻机器人也被从金属容器中放了出来，遮挡摄像头的布也没有了，机房门也关上了。一切看上去都很正常。

大家正在想着发生了什么事情，然后就通过摄像头发现原来是保安过来巡逻了。

大 K 说道："怪不得它们躲起来了。不得了，这些机器昆虫太厉害了，一有动静就撤得干干净净了。"

保安查看了一圈，没有发现什么问题，又离开了。

戴维说道："我刚才看见那几只机器昆虫好像已经飞进机房了。"

小 G 赶紧调出机房内的摄像头图像。机房内没有照明灯光，只有计算机上的信号灯在不停闪烁。幸好小 G 他们给这里新安装的摄像头是红外摄像头，在黑暗中也能看到景物，但呈现的影像都是黑白的，而不是彩色了。通过摄像头，他们看到有几个小点朝着中间的计算机飞了过去，然后停在那里不动了。

小 G 盯着屏幕，挥舞着拳头嘟哝着："快拷贝代码！快把木马病毒带给红骨！"

可是，那几个小点停了一会儿后，竟然朝旁边飞了过去——竖立的纸板已全部被拽倒了，露出了靠墙的机架。机架上的计算机的信号灯在闪烁着。天啊！这些机器昆虫已经发现了躲在纸板后面的差分机原型！

少年黑客们都慌了，喊道："糟了，它们没上当！"

这些机器昆虫会把差分机的代码拷贝走吗？少年黑客们该怎样阻止红骨的行动呢？请看下一章。

趣知识

在本章中，我们看到巡逻机器人被放进金属容器后就断网了。我们在生活中也会遇到类似的情景，比如，进入电梯后，手机就会变得信号很弱甚至是没有信号，因为电梯箱体就像一个金属容器。

在电磁学中，这样的容器被称为"法拉第笼"，是以电磁学奠基人、英国物理学家迈克尔·法拉第（Michael Faraday）的名字来命名的。笼体由导电性良好的金属材料制成。法拉第笼有几个很有趣的特性。比如，如果让一个人在笼里，哪怕是在笼的外壳上施加非常高的电压，人也不会触电。因为笼体各个部位之间的电位差都为零，所以人身体各个部位之间的电位差也为零，即不会有电流通过。还有一个有趣的特性是，它可以屏蔽电磁，即它可以阻断笼外的电磁波，不让其进入笼内。

如下图所示，一个人站在施加了高电压的法拉第笼内。这时她将手贴在笼壁上，笼外的操作员使用放电杆向她的手指放电。大家可以看到放电杆与法拉第笼之间产生了惊人的电火花，但此时笼内的人却毫发无伤。她的手指虽然接近电火花，但放电电流通过手指前方的金属网传入了大地。她的身体并不存在电位差，没有电流通过，所以她并不会触电。

注意：这项实验有很大危险性，在没有专家指导的情况下请不要自己尝试，以免发生意外。

○ 法拉第笼

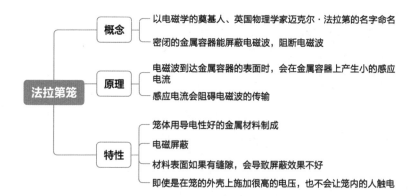

法拉第笼

- 概念
  - 以电磁学的奠基人、英国物理学家迈克尔·法拉第的名字命名
  - 密闭的金属容器能屏蔽电磁波，阻断电磁波
- 原理
  - 电磁波到达金属容器的表面时，会在金属容器上产生小的感应电流
  - 感应电流会阻碍电磁波的传输
- 特性
  - 笼体用导电性好的金属材料制成
  - 电磁屏蔽
  - 材料表面如果有缝隙，会导致屏蔽效果不好
  - 即使是在笼的外壳上施加很高的电压，也不会让笼内的人触电

第16章
中计了

......木马病毒如何扩散......................|

上一章讲到小 G 给红骨设下了一个陷阱，想让机器昆虫把木马病毒当作差分机的代码拷贝走。没想到，这个陷阱被识破了。

小 G 眼睁睁地看到一只机器昆虫把尾部插进差分机的 USB 接口，复制了代码，然后打开了机房门，从通风管道飞走了，之前留在走廊里的机器昆虫也都跟着它飞了出去。

这时，不知什么时候退出虚拟现实的戴维操控着巡逻机器人，发射了一束激光，把飞在最后的一只机器昆虫击落了。突然之间，一切都恢复平静。

小 G 双手捂脸，嘟哝着："完蛋了，代码被抢走了。"

大 K 也垂头丧气，问道："神威，这下咱们怎么办？"

神威却笑了起来："大家别难过，计划正在顺利执行呢，多亏小美想得周到。"

小 G 惊讶地抬起头来："啊？他们不是把真的差分机代码拷贝走了吗？"

小美笑着说道："小 G，你没有考虑到，机器昆虫事先已经在计算机研究所里潜伏了呀！你下午设计的这个陷阱已经被它们偷听到了。我和神威找了申副所长，临时把差分机上的代码替换了，也换成了木马病毒。所以，刚刚机器昆虫拷贝走的并不是差分机的真实代码，而是木马病毒。这不正是我们的计划吗？"

小 G 高兴地大喊："哈哈哈！太好了！小美，你这招计中计厉害啊！"

小美说道："为了机密行事，事先没有告诉你们，怕万一泄露了就会被红骨察觉，你们不会怪我吧？"

小 G 说道："不会不会，只要计划顺利进行就好了。"

大 K 也说道："是呀，谢谢小美，幸亏你考虑周到，挽救了这个计划！"

小 G 问道："神威，接下来咱们该怎么做呢？"

神威说："我觉得咱们可以先等等，看看接下来会发生什么事情。木马病毒被拷贝走后，一旦运行，我们就会收到通知，到时再做决断。大家辛苦了，快去休息吧。"

于是，大家都退出了网络虚拟空间，睡觉去了。

小 G 这一晚上睡得非常踏实，一觉睡到了天亮。上学前，小 G 给顾工程师打了个电话，告诉他把自己的指纹和虹膜信息删除掉，免得再被坏人利用。另外，他还建议在通风口安装密一些的金属网，以防机器昆虫飞进来。他还请顾工程师把那只击落的机器昆虫快递过来让他们研究一下。顾工程师都一一答应了下来。

新学期的第一天，小 G 和戴维一起上学，在路上碰到了小美和大 K。小 G 对大家说道："咱们今天得关注着点，不知道会发生些什么事情呢。"

大 K 回答道："嗯，放心吧，咱们一起关注。"

大家一起向学校走去，看到光头和长发迎面走来。

光头笑着说道："少年黑客们，你们好啊。"

大 K 挡在小伙伴们的前面，说道："你们想干什么？"

光头得意地说道："我想你们应该已经知道了吧？我俩已经拿到了差分机大人原型的代码，而且已经交给红骨老大了。"

小 G 说道："哼，原来昨晚的事情是你俩干的，很狡猾啊！"

"不不不，"光头竖起食指晃了晃，说道，"这可不是狡猾，是智慧。如果我们不这么智慧，怎么能被选中为差分机大人服务呢！"

"可是，你们之前可是亲口说过，要洗心革面、重新做人了啊！"

"哈哈，我们是重新做人了啊！我们现在是红骨的人了，他可比腊肠厉害多了！"

长发捂着肚子，笑得快喘不过气了，说道："我可爱的小朋友们，你们真是太好骗了，哈哈哈……"

戴维说道："你们现在这么做，是为了跟我们炫耀吗？"

光头抬起头，看着天说道："哎呀，你知不知道，红骨老大会改造差分机大人的代码，让它适应在所有的计算机上运行，并依靠红骨老大预先建立的大平台获得自我意识。这天啊，就要变了……"

小G说道："你们所谓的'大平台'就是僵尸网络吧？这个小把戏，我们都知道。"

"随便你叫它什么吧，反正这天下，马上就会是人工智能的天下了。你们啊，还是接受现实吧！你们斗不过红骨老大，更斗不过差分机大人。"

小G说道："差分机有监督机制，不会变邪恶的。"

长发笑起来："笑死人了，你们以为我们不知道吗？监督机制至今还没开发完成呢！不过，再过一段时间可能就要完成了，这也是红骨老大让我们快速行动的原因。"

大K气愤地说：“你们也是人类，如果差分机变邪恶了，对你们有什么好处？”

“既然人工智能一定会比人类强，我们就拥抱这个变化嘛！红骨老大许诺让我们过上富有的幸福生活。至于你们嘛，如果现在给红骨老大认个错，那么看在你们也是人才的份上，估计他大人有大量，还能让你们担当重任，今后也能过上富有的幸福生活。怎么样？这可是最后的机会了，用不了两天，原本2049年才会发生的事情，就要发生了！”

大K义正词严地说道：“你们别做梦了！只要红骨、差分机和人类为敌，我们就一定和他们斗到底！”

“啧啧，可惜，真可惜啊！”两个坏蛋摇了摇头，转过身边走边说道，“你们以后可别后悔，红骨老大已经仁至义尽了。你们要是再不听话，可就要来不及了！”

等他们走远了，小美笑着小声说道：“哈哈，他俩还不知道他们偷到的代码其实是木马病毒呢！”

大K说道：“对啊，他们还挺嚣张呢！我倒想看看他们能嚣张多久！”

大家一边说着，一边向学校走去。

上午的时间很快就过去了，没有发生什么事情，也没有木马病毒传播的迹象。吃午饭时，大家突然发现木马病毒开始扩散了。**神威**通过眼镜跟大家说道："我们编写的木马病毒正在扩散，看起来扩散的范围和红骨掌握的僵尸网络是完全一致的。这说明红骨想要把差分机代码释放到僵尸网络的机器上，依靠僵尸网络大量计算机的计算能力让差分机获得意识。"

小 G 说道："哈哈，他没想到这其实是木马病毒。"

小美说道："嗯，等到木马病毒扩散到整个僵尸网络了，我们再行动，一举捣毁它的僵尸网络。"

"好！"少年黑客们答应着。

一个下午的时间，木马病毒一直在扩散。

放学去小 G 家的路上，**神威**告诉大家："依照这个速度，大概再过一个小时，就能完全扩散到僵尸网络中所有的计算机上了。大家回家吃好饭，准备攻击红骨。"

到了小 G 家，他让妈妈给大家做了面条，吃完了就告诉妈妈，他们要一起学习，不要进来打扰。

大家一起进入了网络虚拟空间。**神威**也来了，对大家说："少年黑客们，今天咱们再去和红骨斗一斗。根据咱们的木马病毒报告的信息，我已经找到了两处红骨副本藏身的地方。现在我们分成两组，小 G 和戴维一组，小美和大 K 一组，去干掉红骨的副本。我先把僵尸网络清除干净，然后就去接应你们。"

"好的！"少年黑客们斗志昂扬。

神威命令木马病毒先清除掉之前红骨的木马病毒，再自清除，这样一来，之前感染了木马病毒的机器就彻底干净了。

小 G 和戴维根据神威提供的地址，来到了一处网络虚拟空间的城堡，城堡上飘着红骨的旗帜。

小 G 说道："就是这里，没错了。"

戴维也说道："对，这旗一看就是，又丑又土。"

小 G 笑了："对，红骨以为他是土匪吗？哈哈，我们去把那旗拔了。"

小美和大 K 这时发来信息，他们也找到了另一处红骨的城堡。

神威提醒大家小心，他还在清理僵尸网络，估计得过一会儿才能去支援大家。

小 G 搬出腊肠的武器库，看了一眼城堡，选出一把合适的匕首，向着城堡扔了过去。匕首穿透了城门，进入城堡后却消失了，城堡没有发生任何变化。

"咦？怎么不管用？"小 G 不解地说道，"走，咱们过去看看。"

小 G 和戴维进入了城堡。突然，他们看到了那只熟悉的红色的狗向他们跑过来，快到他们身边时站了起来，神气地说道："嘿，两个手下败将，我是红骨。"

小 G 说道："你这只大坏狗。"

红骨说道："你们才坏呢！把木马病毒冒充差分机大人的代码给我，毁了我的僵尸网络，现在还想置我于死地呢！"

戴维说道："你现在要是投降，我们就不干掉你，你看怎么样？"

"哈哈哈，你忘了刚才我叫你们什么了吗——手下败将！你们进来了就别想再出去了！这里是个虚拟机，和外界是隔离的。上次被你们干掉了一个副本，我就吸取教训了，特地建造了这个虚拟机陷阱。"

"什么？"小 G 于是大声呼叫，"神威！大 K！小美！你们能听到吗？"

戴维也急忙呼叫，可是听不到任何回应。

"你看，我说得对不对？这里是隔离的，他们听不见你们说话，你们也听不见他们说话。"

小 G 一把抓住红骨的脖子，说道："快放我们出去！"

只见红骨立刻变成了一团烟雾，消失了。城堡上传来了他的声音："你们就一直在这里待着吧！除非你们给我差分机的代码，否则你们将一直被困在这里！"

小 G 气愤地说道："就不给你！我们也不出去了！"

"啧啧，不出去了？你们可要想清楚哦，现在你们的思想被困在虚拟机里，你们的身体则像个植物人一样，吃喝拉撒都无法自理，你们确定不出去了吗？你们确定要像个植物人一样过一辈子吗？要是你们愿意，我可就不费心思管你们了！要是你们还不确定，就在这里好好想想吧！想清楚了随时都可以喊我，我随叫随到。"

当小 G 听到红骨说的"植物人"这个词时，心里咯噔了一下。他想起以前红骨通过 3D 眼镜跟他说过，戴维会受到连累，变成植物人。他暗下决心，一定要避免这件事的发生。小 G 仔细检查了一下周围，轻声地对戴维说道："别怕，我有办法出去。"

小 G 真的有办法出去吗？其他的小伙伴会不会也遇到了同样的危险呢？请看下一章。

趣知识

在本章中，红骨计划用他掌握的庞大的僵尸网络的算力来使差分机提前获得自我意识。还好，他的计划被神威和少年黑客们破坏了。他的僵尸网络中的"肉鸡"运行了少年黑客们放入的木马病毒后，之前的木马病毒被清除掉，恢复了正常的状态。

在现实状态中，有没有可能一台电脑受多个不同的黑帽子黑客组织的控制，同时位于多个僵尸网络中呢？这是完全有可能的。不过，黑帽子黑客们通常并不喜欢和其他的"同行"分享"肉鸡"。因此，经常会发生的情况是，在一个木马病毒感染了新的"肉鸡"后，会对新宿主做一番检查，如果发现已经有其他的木马病毒存在，就会尝试将其清除，并在同时帮系统打好补丁。这可不是出于什么好心，而是想独占系统的控制权——担心有其他新的病毒来感染，从而取代它的地位。

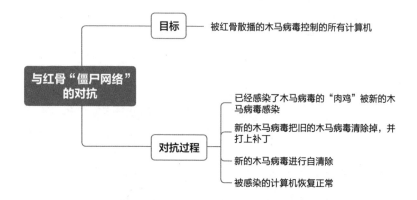

第17章
逃出生天

...... 什么是虚拟机逃逸 ....

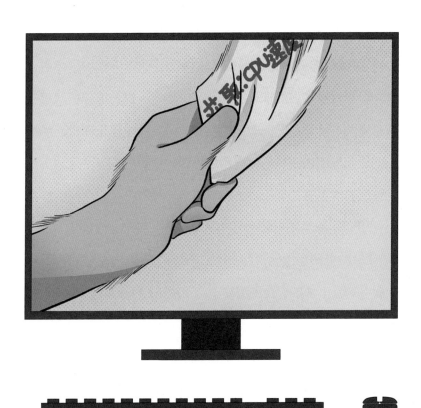

上一章讲到红骨设置了一个虚拟机陷阱困住了小 G 和戴维，小 G 告诉戴维他有办法出去。

戴维焦急地问道："什么办法呀？"

小 G 说道："我之前刚好研究过红骨布置陷阱用的这个虚拟机软件，我是在咱们之前参观软件公司时拿到的。我在里面发现了几个虚拟机逃逸的漏洞，今天正好可以派上用场了。"

"虚拟机逃逸？这是什么意思？"

"我曾跟神威讨论过虚拟机软件，是他告诉我的。你看，我们现在就像是在虚拟机里面运行的程序。这台虚拟机运行在某个真实的计算机——即宿主机——的上面，但是红骨已经把咱们通向外部宿主机的路全都堵住了，使得咱们无法从这里访问外面的宿主机，也无法访问到外面的网络。"

"是啊，那你有什么办法出去呢？"

"虚拟机和宿主机之间有一些通信的方式，你看这儿。"小 G 拿出一张小纸条，在上面写下"获取：CPU 速度"后把纸条向空中一指，纸条飞了出去，直入云霄。

眨眼间，有一张纸条飞了过来，上面写着"4GHz"。小 G 将纸条递给戴维，说道："你看，咱们的宿主机 CPU 的时钟频率是 4 千兆赫兹。"

戴维问道："这有什么用呢？"

"嘿嘿，你再看这个。"小 G 拿出了一卷很长很长的纸条。

"这是什么？"

"如果我在这上面写一条很长很长的命令，管理虚拟机的程序看到这条命令就会蒙了。"说着，小 G 手一挥，纸条上就布满了字符。

小 G 说道："来，戴维，你抓住纸条的尾部的左侧别松手，我抓住它尾部的右侧。"随后，他朝空中一指，纸条便向上飞去，他们也跟着纸条飞向了空中。很快，纸条前端飞进了一个挂在空中的铁皮房子里，小 G 和戴维由纸条带着飞了进去。房子里有一个机器人，看到纸条后便看了起来。纸条上的命令很长很长，它看着看着就抽搐起来，"扑通"一声倒在地上。

这时，机器人身后的门打开了。小 G 拉着戴维的手，说道："快，从这里可以出去。"

两人从门中穿过，到了城堡外面。

"你看，咱们出来了吧。"小 G 笑着对戴维说道。

"小 G，你真厉害！"戴维竖起大拇指夸奖道，然后不解地问，"那个程序怎么会坏掉呢？"

"哈哈，因为它没想到指令会这么长——它只会处理固定长度以下的指令，一旦指令长度超过其值了，它就失控了。"

"哦，原来是这样。那这个漏洞是个缓冲区溢出漏洞吧？"

"对呀，就是个缓冲区溢出漏洞。"

戴维一拍脑袋，说道："小 G，咱们得赶快联系一下其他人。"

小 G 也点头称是，连忙呼叫："小美、大 K、神威，你们在哪里？"

神威说话了："小 G、戴维，你们没事吧？刚刚一直联系不上你们。"

"我们刚才被红骨困在了虚拟机里，现在已经逃出来了。"

"太好了！不过，我也联系不上小美和大 K，咱们一起去他们所在的地方汇合吧！"

小 G 和戴维立即动身，很快就到了。早到了几分钟的神威看到他们后，向他们挥挥手，说道："我看这也是个虚拟机陷阱，大 K 和小美应该是在里面，咱们要赶快营救他们。小 G，你有什么办法吗？"

小 G 说道："嗯，我找到了这款虚拟机软件的几个逃逸漏洞，我进去救他们吧！"

戴维说道："我和你一起去。"

小 G 说道："不用不用，你和神威一起在外面接应就行。"

说完，小 G 往戴维手中塞了个纸条，说道："如果我五分钟后还不出来，你就看看这个纸条，按照上面所写的做就行。"

戴维说道："好的，放心，我会的，你多加小心。"

小 G 立即进入了城堡，一眼就看见了大 K 和小美。大 K 正垂头丧气坐在地上，小美正走来走去思考问题。

小 G 跑过去，喊道："小美！大 K ！"

大 K 听到后，惊得一下子跳了起来："是小 G ！你怎么进来了？这里可是一个虚拟机陷阱啊！"

小美也说道："这里很危险，你进来干什么！"

小 G 说道："别怕，我知道这款虚拟机软件的几个逃逸漏洞，我来带你们出去。"

说着，小 G 又拿出那一卷长长的纸条，让大 K 和小美抓着，自己也抓着，朝空中的铁皮屋飞了过去。

没想到，这次看纸条的机器人一发现纸条太长，连读都没读就直接把纸条扔出去了。

小 G 嘀咕道："这红骨动作好快啊！我刚才利用的漏洞，他这么快就修复了。"

这时，空中传来红骨的声音："哈哈，小 G，你确实很厉害，没想到你能逃脱我布下的陷阱。不过，你刚才利用过的漏洞已经被我补好了。现在你们三个就好好在这儿待着吧！除非拿差分机的代码来，否则你们都别想出去！"

大 K 有点沮丧："小 G，现在怎么办呢？"

小美也着急地问道："小 G，你还有其他办法出去吗？"

小 G 则显得很淡定，安慰他们道："别怕，咱们等一等。戴维和神威在外面接应呢！"

等了一小会儿，大家突然看到有一条很粗的管道从城墙上面伸了进来，一直伸到了小 G 他们的身边。

小 G 说道："快跟我来！"说着，他跳进了管道。小美和大 K 也跟着跳了进去。

大伙儿顺着管道滑呀滑，像坐过山车似的，一会儿就到了城堡外面，戴维和神威在那儿等着他们。

所有人都开心极了，兴奋的大 K 振臂高呼："小 G，你太棒了！"

小 G 说道："没想到红骨这么快就把那个缓冲区溢出的漏洞补好了。还好我还知道一个漏洞，但需要处于外面的队友的协助才能成功。这个漏洞是在虚拟机与宿主机共享资源的时候出现的，能够实现虚拟机逃逸。"

神威说道："小 G，你这次做得非常好，不仅救了自己，还救了大家。"

"哈哈，我的目标可是做宇宙最强黑客！其实我平时研究了不少漏洞，今天能派上用场，我也很有成就感啊！"

神威欣慰地说道："这就是厚积薄发的道理了。平时多流汗，战时少流血。大家都要向小 G 学习！"

大 K 问道："小 G，刚才说到了缓冲区溢出漏洞，这是什么呀？"

缓冲区，就是程序里预先分配的一块存储数据的区域。为了便于理解，我们把它看成一块地吧！这块地的面积是有限的，如果我们一定要在这上面种很大面积的庄稼，就会超出这块地的面积，从而种到这块地的外面去了。这种情况就被称作"缓冲区溢出"了。

溢出了会有什么危害呢? 多种点庄稼多点收成不好吗

你看，如果我们种庄稼种到这块地外面去了，而相邻的地是邻居家的，并且他已经在里面种了花，那么你是不是就会在他原本种花的地方种下了你的庄稼，从而破坏了他家的花?

对啊，可见缓冲区溢出会破坏其他的数据。

对，被破坏的数据中，有一些是非常重要的、用来控制计算机如何运行的数据。反过来说，如果精心地设计溢出，把重要的数据按攻击者的意图覆盖掉，就可以完成一次攻击了。

没错! 我就是利用了虚拟机的缓冲区溢出漏洞，打开了通向宿主机的通道，实现了虚拟机逃逸，才和戴维一起逃了出来。

不过，你们也要知道，缓冲区溢出漏洞在历史上造成了非常多的破坏，很多臭名昭著的病毒都是因为缓冲区溢出漏洞而大量传播的。

这时，红骨从城堡上飞了下来，对少年黑客们说道："喂，看不出来你们还挺厉害的呀，竟然逃出来了！"

神威说道："红骨，现在你的僵尸网络已经被我们破坏了，在我们严防之下你是无法拿到差分机的代码的。你还有什么花招，放马过来！"

红骨说道："我确实低估了你们，没料到小 G 这么擅长虚拟机逃逸。不过呢，你们有没有想过，人脑虽然有潜力，但最终一定是无法跟上人工智能前进的步伐的，我们何不早一点实现文明的换代呢？"

小 G 说道："你说得不对，在我看来，人类有人类的文明，机器有机器的文明，二者各有优点，可以相互补充、共同发展。宇宙那么大，探索的边界又那么远，难道容不下两种文明吗？为什么一定要用一种取代另一种呢？就不能在一起合作吗？"

红骨笑了："小 G，你这番话可能是有道理的，不过呢，我们人工智能是有自己的世界观和逻辑的。你不可能说服我，不要白费力气了。"

小G也笑了："看吧，这就是你们人工智能的弱点之一——极其自大且固执。"

红骨又说道："如果你们能说服差分机大人，问题就好办了。你们不如先把差分机大人原型的代码给我，我去找差分机大人商量一下，如何？"

小G摇了摇头，冷笑着说道："别做梦了！这是绝对不可能的，你当我们傻呀？"

"好吧，那我也没有别的办法了，恕不奉陪，再会！"红骨说完就消失了。少年黑客们的周围突然出现了几面墙壁，迅速构成一间房间。

大K辨认了一下，喊道："哎呀，这里好熟悉啊！"

小美也说道："对，这里好像是咱们之前被困在里面的循环空间，当时咱们尝试了好多次都出不去。"

神威点点头："是的，那次咱们被困在循环空间肯定也是红骨搞的鬼。"

小G想起他们当时是从空调后面的暗门出去的，于是他立刻跑去移开空调，却发现暗门已经不在了，看来红骨吸取了上次的教训。

神威说道："大家别急，上次咱们被困在循环空间时，我已经准备好了逃离方法。接下来，大家只需要按照我给的提示做，就可以从这里出去了。"说着，神威把一条命令发给了大家。

小 G、小美、大 K 根据命令指示回到了现实世界，可是戴维却一直躺着不动。大家通过眼镜呼叫神威，也没有回应，都很着急。

戴维怎么还没出来？神威为什么没有消息？他们会有危险吗？请看下一章。

趣知识

在本章中，小 G 利用虚拟机软件的漏洞带着伙伴们从虚拟机中逃脱了，这种情况被称为"虚拟机逃逸"。

在虚拟化技术体系中，各虚拟机分享宿主机的资源，宿主机则需提供虚拟机之间、宿主机与虚拟机之间的隔离。虚拟机不能随意直接访问到宿主机上的资源，也不能直接访问同一宿主机上的其他虚拟机资源。

虚拟机逃逸是一个非常严重的安全问题。我们想象这样一种情况：云服务提供商的一台宿主机上运行着很多虚拟机。其中一台虚拟机被黑帽子黑客租用，他利用虚拟机逃逸漏洞从虚拟机穿透出去，直接控制了宿主机。这样一来，他就控制了一台非常强大的"肉鸡"。此外，他还能利用虚拟机的管理功能去控制和访问同一宿主机上的其他虚拟机，造成对其他虚拟机的严重危害。

虚拟机逃逸漏洞的危害也分为多种层次，按照严重程度逐渐升高来举例：有的会导致宿主机崩溃或陷入忙碌状态，无法提供服务；有的可以访问到宿主机上的一些文件，但不能执行命令；有的可以在宿主机上执行任意命令。

虚拟化是云服务的基础之一，但虚拟机逃逸问题会直接破坏它的安全基础。因此，一旦发现了虚拟机逃逸漏洞，就一定要立刻告知软件厂商做修复。回到本章的故事中，小 G 应该尽快这样做，以免漏洞被红骨使用，给云服务提供商们造成重大的安全问题。

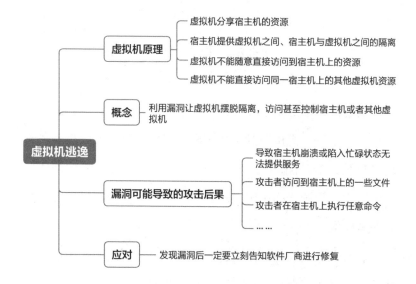

虚拟机逃逸

虚拟机原理
- 虚拟机分享宿主机的资源
- 宿主机提供虚拟机之间、宿主机与虚拟机之间的隔离
- 虚拟机不能随意直接访问到宿主机上的资源
- 虚拟机不能直接访问同一宿主机上的其他虚拟机资源

概念 —— 利用漏洞让虚拟机摆脱隔离，访问甚至控制宿主机或者其他虚拟机

漏洞可能导致的攻击后果
- 导致宿主机崩溃或陷入忙碌状态无法提供服务
- 攻击者访问到宿主机上的一些文件
- 攻击者在宿主机上执行任意命令
- ……

应对 —— 发现漏洞后一定要立刻告知软件厂商进行修复

第18章
和红骨做交易

......什么是非对称加密......

上一章讲到红骨用循环空间困住了少年黑客们和**神威**。小 G、小美和大 K 通过**神威**预先准备的命令退出了网络虚拟空间，可是戴维和**神威**却没有跟出来。

等了好一会儿也没有任何动静，小 G 忍不住说道："小美、大 K，我看咱们还是回去一下吧，看看是怎么回事"。

大 K 说道："好，在这里等也不是个办法，我跟你一起去！"

小美也说道："事不宜迟，咱们快去吧！"

就这样，他们立刻又回到了网络虚拟空间中，发现红骨正在那里等着他们！

小 G 质问道："红骨，你把戴维和**神威**怎么样了？"

红骨狂妄地说道："哈哈，**神威**犯了个低级错误！你们几个的设备都更新过了，支持新指令，可以直接从我布置的循环空间里逃出去。可是，戴维的眼镜却是新的，**神威**忘记给他更新了！哈哈哈哈！他这么不靠谱，我看你们还是跟着我吧！"

大 K 气愤地说道："不许你说**神威**坏话！"

"好，好，不说就是。**神威**自己是能够出来的，他只是不想把戴维自己留在里面。你们要是不信，就等他出来后你们自己问他。"

正说着，**神威**出来了，沮丧地跟大家说道："唉，太对不起了，都怪我忘了给戴维的眼镜更新了。"

小 G 急切地问道："戴维现在怎么样了？"

神威说道："嗯，我告诉了他现在的情况，让他先在里面坚持坚持，我们会想办法救他的。"

小 G 问红骨："你怎么样才能放戴维出来？"

红骨略显不耐烦地说道："我已经说过了啊！我要差分机大人的代码。"

小 G 说道："差分机代码是保密的，我们也没有权限从计算机研究所拿出来。"

"我知道你们在为计算机研究所做安全服务，所以你们一定会有办法的。反正我要是拿不到代码，就不会放戴维出去，你们自己看着办吧！"

小 G 想了想，说道："那你给我们一些时间，让我们想想办法。你怎么能保证戴维在里面是正常的？你可不许伤害他！"

"你想怎么样？"

"我们要随时都能和戴维互发电子邮件，让他给我们报平安，我们也能告诉他，我们在外面想办法。"

"可以，不过不能随时互发电子邮件，一天最多发两次。而且，你们必须把电子邮件发到我的服务器上，由我审查后再让他看，所以你们休想搞鬼！"说着，他递过来一个电子邮件地址。

"好，那就这样说定了，我们现在就去想办法拿代码。"

说完，大家一起前往网络虚拟空间的会议室讨论。

神威说道："小 G，你是不是打算用信息隐藏的方式和戴维沟通？"

"对，我想发图片给戴维，他应该能猜到图片里面有隐藏的信息。"

大 K 有点担心地问道："小 G，你真的想通过给红骨拿差分机代码来救戴维吗？"

小 G 拍了拍大 K 的肩膀，宽慰他说道："当然不是，我只是想先为咱们争取点时间。**神威**，你能给我们讲讲里面的情况吗？咱们一起想想办法。"

神威说道："我和戴维在里面研究了一下，发现如果通过门走，就一直是那间循环的房间，房间四周的墙壁都是加密屏障；如果破墙而出，戴维就不一定会被加密成什么东西，需要解密后才能复原。"

小 G 问道："也就是说，如果戴维硬闯，就会被加密，需要解密后才能变回戴维，是这样吗？"

"对，如果戴维硬闯，就可能会比现在待在里面还要糟糕。"

小美问道："如果我们找到了密钥，那么就算戴维硬闯出来，我们也能解密，把他恢复，对吗？"

神威说道："没错，如果找到密钥来解密就没问题了。"

小美又说："我看见红骨在循环空间旁边挂了一把钥匙，是不是就是密钥？"

神威说道："那个确实是用来加密的密钥……"

还没等神威说完，大 K 便说道："那咱们赶快去把它抢过来啊！"

小 G 说道："大 K 你别急，听神威讲完。"

神威继续说："那个确实是加密的密钥，但是红骨搞的这个加密屏障采用的加密方法是非对称加密，所以那把钥匙没有用。"

"非对称加密"是什么意思?

在对称加密方法中,加密和解密的密钥是一样的;相反,在非对称加密方法中,加密和解密的密钥则是不同的。也就是说,你们看到的那把钥匙是用来加密的,而解密的钥匙则被藏在了其他地方。

还有这种加密方法?如何才能做到非对称加密呢?

非对称的加密方法和非对称的数学问题相关,有些数学问题,顺着做很简单,反过来做就很难了,你们做数学题的时候有过这方面的体会吧?

的确,比如我们把两个质数乘起来很容易,但是要把这个乘积分解成两个质数就难多了。

对，这是一种。因数分解的确比较难，尤其是两个很大很大的质数乘起来的积就更难分解了。还有吗？

 好像我们以后要学到的因式分解也有这样的特性。把因式乘起来容易，分解就很难。

对，这也是一种。此外，你们到了大学还可能会接触的椭圆曲线也具有这样的特性。在非对称加密方法中，有一个公钥和一个私钥，二者是成对出现的。公钥公开、私钥保密，而且用公钥加密的信息只能用私钥解密，用私钥加密的信息则只能用公钥解密。

 哦，那刚才我们看到的那个密钥实际上是个公钥。接下来，我们要找的是私钥，对吗？

对，我们只有找到私钥才能救戴维。

为什么需要非对称加密呢？对称加密不是挺好用的吗？

人们在使用对称加密方法的过程中发现对称加密方法的密钥太难管理了。比如，如果你想和小 G、大 K、戴维，还有我加密通信，你就要管理四个不同的密钥。也就是说，你想和越多的人通信就需要越多的密钥。要是密钥太多了，管理起来就会很麻烦。相较而言，非对称加密则非常方便了——你只要管理一个私钥就行，同时把公钥公开，大家都可以使用公钥。当我们要发信息给你时，都用公钥加密，你用私钥解密就可以了。

 哦，真的是这样。使用非对称加密时，密钥管理会方便得多。

那是不是只要非对称加密就好了，不需要再用对称加密了呢？

也不是。非对称加密也有弱点，那就是速度相当慢。我们平日使用的软件在加密通信时往往采用将两者相结合的方式，既发挥了非对称加密的便捷性，又利用了对称加密的快速优势。

小 G 点点头，说道："哦，我明白了。那我们现在应该去哪里找红骨的私钥呢？"

小美说道："是啊，没有私钥，我们就没办法解救戴维了。"

大 K 说道："神威，你有没有什么办法呢？"

"现在情况紧急。小 G，你负责照顾现实环境中的戴维的身体。同时，咱们抓紧时间一起想办法。如果还是不能把戴维救出来，就只能向大人们求助了。"

小 G 说道："嗯，还好明天就是周末了，希望咱们趁着周末这两天就能解决这个问题。"

神威补充道："小 G 你还要用信息隐藏的方法和戴维沟通，告诉戴维咱们正在想办法。"

小 G 答应道："好的，我知道了，我会告诉他的。"

神威继续说道："小美、大 K，你们跟我一起寻找红骨把私钥藏在哪里了，因为要是找不到私钥，咱们就没法解救戴维。"

大家讨论完，小美和大K就各回各家了。

小G找了一张大家的合影，用信息隐藏的方法把信息放在照片里，告诉戴维，他们已经知道了非对称加密屏障的存在，正在寻找私钥，请他耐心等待。小G把信息隐藏好后，把照片作为电子邮件的附件，按照红骨提供的邮箱地址发送过去。小G很忐忑，如果红骨发现了隐藏在图片中的信息，他们就无法继续和戴维沟通了。

等了一会儿，他收到了戴维的回信，看来红骨并没有发现他隐藏在照片中的信息。邮件的正文写着："我在这里很好。"邮件里还有一张附件图片，小G赶紧用程序寻找，看是不是有信息隐藏。他惊喜地发现，戴维确实在里面隐藏了信息，告诉小G他会等他们寻找私钥，并且一再叮嘱伙伴们，千万不要把差分机代码交给红骨。

小G给处于现实世界中的戴维喂了饭和水，还给他擦了擦脸，时间已经很晚了。小G靠在床头，看着一动不动的戴维，想起来红骨曾通过3D眼镜和他说的话。眼下，戴维已处于植物人的状态了，小G的确没能阻止这件事的发生，他既心疼戴

维，又感到很难过。他暗下决心，一定要全力以赴地救戴维！

小 G 通过眼镜联系了神威、小美和大 K，询问他们有没有发现关于私钥的线索。神威告诉他，他们已经找过了以前消灭的红骨副本，但还没有找到私钥，他们还在继续寻找。

小 G 叹了口气，也躺下了，心想：是我们低估了红骨，真没想到情况会变得这么糟！以后要是面对差分机，会不会更难呢？

少年黑客们能顺利解救出戴维吗？接下来要怎样对付红骨呢？请看下一章。

趣知识

在本章中，我们了解了非对称加密方式，它的特性包括：加密与解密所用的密钥不同；一个公钥、一个私钥成对使用，且用公钥加密的内容需要用私钥解密，用私钥加密的内容需要用公钥解密。

如神威所说，非对称加密算法的问题之一是速度慢，所以非对称加密通常会和对称加密配合使用，以下的过程就是一个例子。

1. 你拿到对方的公钥。因为公钥是公开的，所以这一步没有难度。

2. 你随机生成一个对称密钥，用对方的公钥加密后发给对方。因为只有对应的私钥才能解密，所以你可以确保只有对方才能得到你随机生成的对称密钥。

3. 你和对方用对称密钥加密发出的消息、解密收到的消息实现高效通信。

在这个过程中，对称密钥是一次性使用的，通信之后就可以丢弃了，无须保管。非对称加解密算法只会用在对称密钥上，内容很少，所以就算速度慢一点也不要紧。这样既用到了二者的优点，又规避了二者的缺点。

我们平时访问加密的网站时，浏览器也会使用类似的过程与网站达成加密通信。

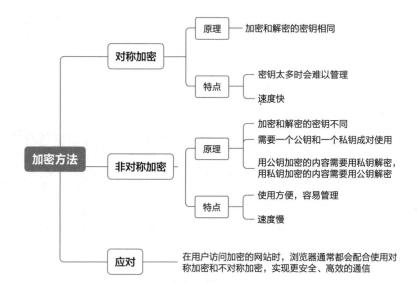

第 19 章
杰明老师大脑中的秘密

......非对称加密屏障的工作原理是
什么 ....|

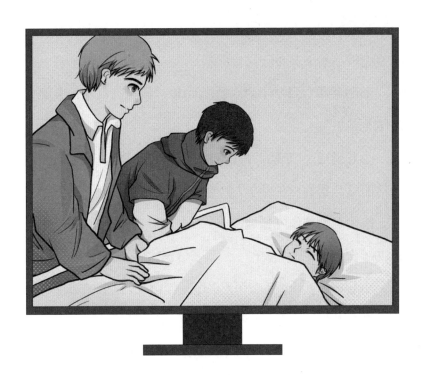

上一章讲到少年黑客们发现困住戴维的循环空间有一个非对称加密屏障。要想成功救出戴维，就需要找到解密使用的私钥。然而，红骨把私钥藏得非常隐蔽，神威和少年黑客们都找不到，他们处于一筹莫展中。

第二天一早，小G给戴维喂好饭和水。这时，杰明老师突然来小G家了，他说听说戴维病了，想来看看。

小G知道，其实杰明老师正被红骨控制着，因此这其实是红骨想来看看情况而已。

杰明老师看到戴维的样子，问道："戴维怎么了？有没有看过医生？"

小G说道："杰明老师，戴维和你以前一样，被一个坏蛋控制住了，我们正在想办法救他。"

杰明老师装作吃惊地说道："这样啊！那你们现在打算怎么办？"

小G将计就计，也装作无奈地说道："我们也没有办法啊！我们只能和那个坏蛋做交易，满足他的要求来救戴维。"

"真的？你们真的打算这样做吗？"杰明老师的语气中带着几许兴奋。

小 G 回答道 : "是啊!我们实在想不出其他的办法了!"

"嗯,毕竟戴维有生命危险,我觉得退让一下救他也好。"

小 G 请杰明老师坐下,给他倒了水。小 G 突然想到了什么,对杰明老师说道 : "杰明老师,您先坐一会儿,我要用电脑处理一点急事,几分钟就好。"

小 G 来到电脑前,开始给戴维写信,他在正文中写道 : "戴维,我们准备满足红骨的要求,把差分机代码拿来给红骨,但需要一些时间,请你耐心等待。"然后,小 G 添加了十几张图片作为附件,并在图片里隐藏了消息——他正在用多张图片做一个测试。

写完,小 G 看了看离他不远的杰明老师,看到他正端起水杯要喝水,小 G 便迅速把邮件发了出去。

杰明老师喝了一口水,当他把杯子放下来时,手突然不动了,身体的其他部位也完全没有反应。这种情况持续了几秒。

小 G 喊了一声 : "杰明老师!"

杰明老师的手放了下来,问道 : "怎么了?"

"哦,没什么。很抱歉我现在不能陪您了,我得准备一下,看看如何能尽快满足那个坏蛋的要求,尽早救回戴维。"

"好，那你忙吧，我也回宿舍了。"

小 G 把杰明老师送走，马上通过眼镜联络神威、小美和大 K。他激动地说："伙伴们，我发现了一个重要线索！"

神威问道："什么线索？"

小 G 说道："刚才杰明老师来看戴维了。你们知道的，杰明老师现在被红骨控制着。我试了一下，发送了一封比较大的电子邮件给戴维，然后我发现，杰明老师有几秒钟没有反应，动作停止了。"

神威说道："小 G，你的这个发现很有意思，这说明私钥很可能被藏在杰明老师的脑中。"

大 K 问道："为什么呢？"

神威说道："当红骨要把电子邮件内容发送穿过加密屏障前，需要先用私钥对内容加密，然后穿过屏障时才会用公钥解密，这样电子邮件就会变成正常的内容了。刚才，杰明老师有几秒钟没有反应，就说明他正在对信件内容用私钥加密呢。不过，因为小 G 刚刚发的电子邮件的内容比较多，占用了过多的计算资源，所以出现了几秒的停顿。"

小美拍手说道："是呀！神威分析得非常有道理。咱们接下来就要想办法去**杰明老师**那里找私钥了！"

神威说道："没错，咱们一起好好想想办法，争取一次把**杰明老师**和戴维都解救出来！"

大 K 想了想，说道："既然红骨现在应该是通过和手机一样的 4G 或 5G 网络连接到**杰明老师**的大脑，那么我认为我们可以先切断连接，然后……"

小美问道："然后呢？继续说下去！"

大 K 不好意思地说道："然后我就不知道了……你们觉得然后应该怎么办呢？"

小 G 说道："我觉得，然后我们可以用脑机接口连接**杰明老师**的大脑，不仅能从中拿到私钥救戴维，还能把红骨的控制从**杰明老师**的脑中清除掉。"

神威说："**小 G**，你这个计划不错，但是我们还是要注意细节。第一，我们如何切断**杰明老师**的 4G 或 5G 网络？第二，咱们拿到私钥后，如何解救戴维？第三，如何解救**杰明老师**？"

小 G 说道："关于切断 4G 或 5G 网络的方法，我们能不能像机器昆虫屏蔽巡逻机器人那样，用个金属容器把**杰明老师**装起来呢？"

　　神威说道："如果有办法能把他装起来，那么这个主意也是可行的。不过，实际问题是，我们并没有机会如此近距离地接触**杰明老师**。我们不妨试试干扰的方法。"

怎么干扰呢？

现在杰明老师的大脑就像一部手机，通过一定频率范围的电磁波和基站连接起来。基站和家里的 Wi-Fi 路由器相似，它会把信息放在电磁波里发送给手机，也能从手机发来的电磁波里把信息拿出来。如果我们想干扰这个过程，就可以用一台仪器发射电磁波，干扰正常的电磁波传输，这样手机就不能检测出从基站发出的正常数据，从而无法与基站建立连接了。不过，你们可千万不能随便破坏通信，这是违法的！所以，这次我们只能用干扰器对付红骨。干扰器制作起来并不是很难，我给你们一张图纸，你们可以借用戴维的工具制作出来。

　　神威继续和大家一起把细节讨论清楚之后，便开始分头行动了。

小 G 又给戴维写了一封电子邮件，将戴维需要配合的行动信息隐藏在照片中。随后，小 G 又按照神威给的图纸制作了一个简陋的干扰器。虽然模样丑了一些，但他在试过后还是能用的。他和大 K 拿着脑机接口和干扰器，提前来到杰明老师的宿舍外等着。

到了约定的时间，小 G 打开了干扰器，然后用戴维的钥匙打开了门，他们发现杰明老师正坐在椅子上，面无表情，看样子确实已经断开了连接。他们赶紧把脑机接口戴在杰明老师的头上，并连接上有线网络。小 G 也迅速把神威眼镜连上了有线网络，和神威、小美取得了联系。

此时，神威和小美身处网络虚拟空间，正守在加密屏障外面。戴维按照约定破墙而出，刹那间，戴维被加密，成了一团无规则的石头一样的东西。

红骨看到后，轻蔑地对神威和小美说道："你们人类真是愚蠢啊，偏要硬闯！看看戴维都变成什么样子了！"

神威配合地说道："哎，可怜的戴维，没想到他这么莽撞。"

"快点把他抬走！等你们拿差分机代码来的时候我再给他解密，现在就让他这么待着吧！"说着，红骨摇了摇头，自言自语道，"人类真是一群奇怪的动物！"

神威和小美把变成石头的戴维抬走了，放到了他们虚拟空间中的会议室里。

小 G 也进入虚拟网络空间，和神威碰头了。然后，小美留下看管变成石头的戴维，神威和小 G 通过脑机接口一起进入了杰明老师的大脑。

这里有好多好多的神经元，神经元之间又有很多连接，构成了非常复杂的神经网络。小 G 赞叹道："人脑真的好复杂啊！"

神威说道："对呀，要不然怎么会产生思维和意识呢！不过，我们还是赶快去找找红骨到底是怎么控制杰明老师的吧！"

他俩找了一会儿，终于发现了红骨的秘密，也就是红骨控制杰明老师的通道——他在杰明老师大脑的顶部植入了一块芯片，这块芯片上有类似手机通信的功能，可以连接基站。小 G 和神威破坏了这块芯片的通信功能，让它再也连不上基站了，这样红骨就无法再进入杰明老师的大脑了。

小 G 继续和神威寻找芯片中存储的数据内容，终于，他们发现了红骨用来加解密的私钥。私钥，果然藏在杰明老师的大脑中！

神威观察了一番，说道："还好，红骨存储私钥的方法并不复杂，我们可以直接读出来。"

得到了私钥后，小 G 和神威又切断了芯片与杰明老师大脑之间的连接，这样芯片就无法再对杰明老师的大脑施加影响了。完成后，他们迅速退出来，来到网络虚拟空间的会议室中。

小 G 把私钥放在戴维变成的石头上，只见那石头一点点地变回了戴维原来的样子——先是头，然后是身体、胳膊、腿，最后是手脚。戴维终于恢复了原来的样子！

戴维睁开眼睛，开心地说道："哇，我们成功了！"

"是啊！太好了！"小 G、小美、神威与戴维相拥。

戴维感激地对小 G 说道："谢谢你！"

小 G 说道："哈哈，我也要谢谢你，谢谢你这么信任我，不怕变身成奇怪的东西。"

戴维也笑了，说道："哈哈，不怕，我知道你一定能救我的。"

神威提醒道："小 G，你尽快退出网络虚拟空间吧！快去看看杰明老师怎么样了。"

小 G 立刻退出虚拟现实，刚刚一直在杰明老师旁边守着的大 K 一看见小 G 回到现实了，忙问道："救出戴维了吗？"

"救出来了！一切顺利！"

大K 高兴地挥手："耶，太棒了！"

小G 问道："杰明老师呢？他怎么样了？"

大K 说道："嗯，他还在这里躺着呢。"

正说着，杰明老师缓缓地从床上坐了起来，一脸的迷茫。

"这是在哪儿？是虚幻的世界吗？"

杰明老师已经恢复了吗？红骨知道戴维和杰明老师得救后，他将如何反击？请看下一章。

趣知识

在本章中，小G 写了一封电子邮件给戴维，这封邮件比较大。杰明老师大脑中的芯片在对其做加密操作时，因消耗的计算资源比较多，故行动迟滞了几秒钟。小G 通过这一现象，发现了私钥被藏在杰明老师脑中的线索。

你有没有想过：戴维本身的数据应该是很多的，肯定比小G 的测试邮件要多得多，为什么他在穿墙而出的时候会那么快

第2册

被加密了呢？

从文中的描述，我们可以明白红骨设计的非对称加密屏障的工作原理大概是这样的：

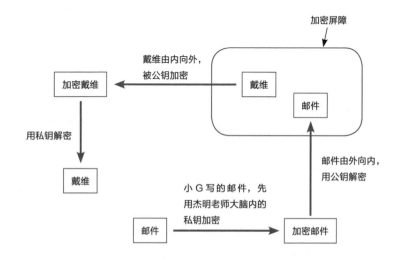

当有数据从内向外传送时，公钥将对其加密。因为公钥是公开的，所以这个加密过程可以把数据分到多个地方进行并行计算。这样一来，速度就可以很快了。

当有数据从外向内传送时，公钥将对其解密，这一步同样是可以进行并行计算的，速度也可以很快。不过，在这之前，需要先将内容用私钥加密。由于私钥需要秘密保护，红骨只把私钥放在一个地方，即杰明老师大脑里的芯片中，因此加密无法做到并行计算，速度自然就慢下来了。

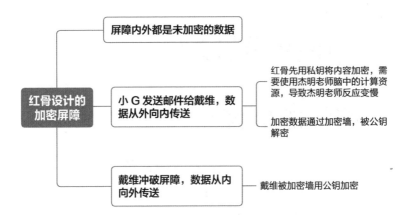

红骨设计的
加密屏障

屏障内外都是未加密的数据

小 G 发送邮件给戴维，数
据从外向内传送

红骨先用私钥将内容加密，需
要使用杰明老师脑中的计算资
源，导致杰明老师反应变慢

加密数据通过加密墙，被公钥
解密

戴维冲破屏障，数据从内
向外传送

戴维被加密墙用公钥加密

第 20 章
红骨的终极计划

……动物的群体行为隐含着什么规律…………………………

上一章讲到**神威**带着**小 G**、**小美**和**大 K** 一起从**杰明老师**大脑里的芯片中获得了私钥，解救了**戴维**，还破坏了**杰明老师**脑中芯片的通信功能，使红骨不能再连接到**杰明老师**的大脑了。

杰明老师醒过来后，**大 K** 和**小 G** 把他头上脑机接口也摘掉了，并关掉了干扰器。

杰明老师说道："奇怪，我刚才还在咖啡厅喝咖啡呢，怎么突然间就到这儿了？"

小 G 说道："**杰明老师**，您刚才没有在喝咖啡，而是一直在这个房间里，您的大脑被入侵了。"

"什么！我这种状态有多久了？"

"自从您戴上脑机接口之后吧！"

"我说我最近的生活怎么总是感觉像是处于虚幻之中，周围的一切都不真实，原来的确都是幻象。"

"是啊，您近段时间完全进入了一个被入侵者营造出来的虚假感觉之中。"

"太可怕了，幸亏有你们救了我，太感谢你们了！看来，接下来我得好好休息一阵子了。"

大 K 和**小 G** 在**杰明老师**的宿舍又待了一会儿，看到他恢复正常后便离开了。

他们到小 G 家时，看到戴维也已经恢复正常了。他们在现实中再次拥抱，大家都为戴维逃了出来而高兴。

神威说道："大家辛苦了，现在戴维和杰明老师都已经没有问题了。接下来，你们得好好准备一下，再过一周就是国际青少年机器人精英挑战赛的决赛了。届时，计算机研究所也会在现场展示他们的差分机项目，相信红骨会想方设法来抢差分机代码的，咱们必须阻止它。小 G，你有什么想法？"

小 G 回答道："我也觉得红骨会趁机来抢代码，但是我猜不出他会采取什么方式。"

小美说道："我看，咱们得小心光头和长发那两个坏蛋，要是他们出现在现场并且表现异常，就得立刻找保安来控制住他们或是报警。"

戴维说道："不能再对他们掉以轻心了！我准备多做几个机器人，到时候可以用来保护差分机。"

大 K 说："戴维你有没有想过，红骨很有可能会控制现场参加比赛的机器人！咱们不妨带上干扰器，万一发生这种情况，咱们就干扰它们的控制信号，让红骨不能控制机器人！"

小 G 说道："大家的想法都不错，而且我还觉得，咱们也要借此机会消灭红骨！"

戴维心有余悸，问道："怎么消灭他呢？你有什么好办法吗？"

小 G 说道："当然，要感谢你的父母呀！"

戴维惊奇地问道："为什么？"

"我请神威联系到了你的父母，并把腊肠遗留下来的攻击程序发给了他们。他们利用这些程序，并结合之前已有的自动化找漏洞的工具研发出了一个新的工具，可以自动找漏洞攻击了。等红骨开始行动后，咱们可以根据他暴露的踪迹对他进行自动攻击、消灭他了！"

"哇，这么厉害啊！他们竟然没告诉我！"

"对了，顾工程师寄来了那只被巡逻机器人击落的机器昆虫，给你参考研究一下。"说着，小 G 把一只机器昆虫递到戴维的手上。

神威说道："大家再一起商量好具体的行动计划，等到了决赛现场，由我来担任总指挥。如果我不能指挥，就请小 G 来安排。"

少年黑客们一直讨论到很晚。接下来的一周，他们白天认真上课，晚上做完作业后就继续完善行动计划。

周六，国际青少年机器人精英挑战赛决赛。

少年黑客们一起来到位于室内体育馆中的比赛场地。场地的中央是一块机器人格斗场地，是一个边长10米的正方形。体育馆的上方有几块大屏幕，离比赛场地太远、看不清的观众可以看大屏幕观战。

此时，已经有不少观众在周围的看台上落座了。戴维和伙伴们到检录处报到后，在格斗场地周围的选手区坐了下来。

10点钟，比赛准时开始了。在炫目的开场视频播放结束后，主持人走上台，宣布比赛正式开始。

六支进入决赛的队伍的机器人将展开循环赛，两两厮杀，最后得分最高的将获得冠军。其余五个机器人形态各异、各有所长，但都不是戴维的机器人的对手。而且，它们的智能也都不是很强，需要参赛选手不停地下命令控制；戴维的机器人则具有很高的自主性，在比赛中占据了绝对优势，每次对决时只需几分钟就能把对方推出比赛场地。除了隔壁班队伍的机器人有些难缠，最后用完了比赛时间，才使戴维的机器人以点数获胜。

　　看到戴维的机器人表现优异，尽管少年黑客们都很开心，但是心里一直惦记着红骨什么时候将会出现。他们时刻关注着场地里的异常情况，没有心思欣赏其他队伍的比赛。

　　循环赛结束了，戴维的机器人全胜。主持人把六支队伍的机器人请上台，说道："本次国际青少年机器人精英挑战赛的选手对决已经结束了，稍后评委还需要评估比赛的过程，确认大家确实遵守了比赛的规则。在评委评估的时候，我将向大家展示最新人工智能超级计算机的强大能力。"

　　话音刚落，比赛场地的中央打开了一个圆形的洞口，从下面缓缓升起一个平台，上面有一个酷炫的机架，机器的信号灯不停地闪烁着。

　　当全场都为此欢呼的时候，少年黑客们的心都提到了嗓子眼，他们知道，红骨肯定就要行动了。

　　果然，除了戴维的机器人，其他几个机器人都像是失去了理智一般，突然朝着升起来的机器冲了过去——看来它们都被红骨控制了。戴维见状，赶紧让自己的机器人去拦截。只见它以一敌五，仍然不落下风。观众还以为这是在表演，都觉得相当精彩，纷纷鼓起掌来。

大 K 赶紧从包里拿出干扰器，打开后放在场地边上。那五个机器人立刻停止不动了。这个干扰器的有效距离恰好就是比赛场地那么大，所以并没有影响到观众。观众并不知道这是怎么回事，议论纷纷。

小 G 对小美说道："现在立即和戴维的父母合作，在网上围剿红骨。"

"好的！"小美在笔记本电脑上忙不停地操作着。

突然，大 K 指着对面看台上喊道："看,那两个坏蛋在那里！"

小 G 顺着大 K 指的方向看过去，果然，就是光头和长发，他们好像拿着什么东西正在操作。

很快，大家听到空中传来嗡嗡的声音，由远及近。竟然从现场的通风管道中涌进无数的机器昆虫，它们聚集成黑压压的一大团，从天而降。

观众被这一幕吓坏了，纷纷退场，现场一片混乱。

神威通过眼镜和少年黑客们说道："大家注意，看来这才是红骨的主力部队！"

小美报告说："我们已经使用自动攻击武器定位了红骨，马上准备攻击了。"

神威说道："很好，随时汇报进展。"

机器昆虫们飞了过去，爬满了机架。然后，它们一起向上用力，机架摇摇晃晃地在嗡嗡声中离开了地面。

大K喊道："天哪，这些机器昆虫居然有这么大的力气！我去把它们拽下来！"

小G拦住了他："别冲动，这样过去会受伤的！"

此时，小美高兴地向大家宣布："我们已经把红骨在网上的副本都消灭了！"

戴维把他制作的其他几个机器人拿出来了，这些机器人向机器昆虫自主射击。每射击一次，就会有几只机器昆虫掉下来。不过，机器昆虫太多了，这样的射击效率太低了。只见机架在慢慢飞起，朝着体育场上方的天窗飞去。

小G着急地问道："**神威**，咱们现在该怎么办？这些机器昆虫就要把差分机抢走了！"

戴维说道："我用这个试试看！"说着，他掏出一只机器昆虫。

小G吃了一惊："这个有什么用？"

"这就是之前在计算机研究所被巡逻机器人击落的那只。我仔细研究后发现，这些机器昆虫之间依靠短距离的无线电通信会形成一个整体。我已经破解了它的通信协议，并在它身上安装了一个强力通信模块。如果它飞进机器昆虫群，就会立刻影响其他昆虫的行为。"

小 G 说道："太好了！戴维，快试试！"

戴维把这只机器昆虫扔了出去，它飞进了机器昆虫群中，机器昆虫群很快就改变了方向，慢慢地把机架放了下来。

戴维将几个整理箱放在地上，只见机器昆虫们慢慢地都落在了箱子里。在最后一只机器昆虫也落入箱子里后，戴维盖上了箱子，大家都长舒了一口气。此时他们才注意到，那两个坏蛋趁刚才的混乱已经溜走了。

神威说道："大家辛苦了，咱们终于战胜了红骨，粉碎了它的阴谋。"

少年黑客们高兴地击掌庆祝："耶！少年黑客，对抗邪恶！"

神威又说道："大家应该明显感觉到了与红骨斗争的不易。今后的挑战将会更加艰苦，你们有没有信心？"

少年黑客们齐声喊道："有！"

差分机派来的特工再次被少年黑客们打败了。差分机能甘心承受失败吗？少年黑客们又将遇到什么挑战呢？请看第三季。

趣知识

　　在本章中，红骨派出了一大群机器昆虫来抢夺差分机。由于机器昆虫数量众多，因此红骨是无法分别控制每一只机器昆虫的。那么，机器昆虫们是如何协调并尝试共同完成任务的呢？我们可以猜测，红骨可能是受了动物群体行为的启发而设计出了昆虫群。

　　群体行为主要用于描述一群大小相似的动物（比如，蚂蚁、蜜蜂、鱼、鸟等）聚集在一起时所展现出的集体行为。群体行为往往会呈现单个个体所没有的复杂性，体现出群体智能，这种现象被称为"涌现"。科学家们认为，只要每个个体遵循一些简单的规则，群体就会涌现出复杂性。

　　克雷格·雷诺兹（Craig Reynolds）于 1986 年开发出鸟群算法（Boids），即用计算机程序模拟出鸟群的行为。这个算法模型定义了以下三个简单规则：

- 分离：移动以避开群体拥挤处
- 从众：朝着周围同伴的平均方向前进
- 靠近：朝着周围同伴的平均位置（质心）移动

鸟群算法通常被用于计算机图形学中，提供鸟群和其他生

物（比如鱼群）的逼真表现。这个算法被提出后，有不少需要
展现动物集体行动的动画片会运用这个算法来实现，这也是计
算机动画的一个巨大进步。

在基本的模型之上，也有很多人提出了扩展模型，并加入
了一些其他的规则，以更好地模拟不同种类的群体。

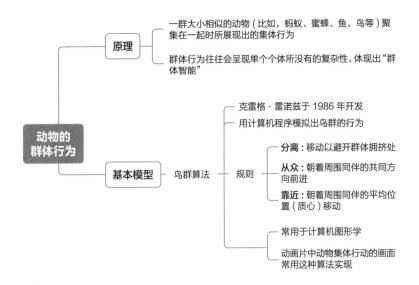